Collection Sciences et techniques de l'ingénieur
dirigée par Suzanne LAVAL

TECHNIQUES INNOVANTES POUR LA CARACTÉRISATION OPTIQUE MICROSTRUCTURALE DE COUCHES MINCES

Coordonné par
André AYRAL et Vincent ROUESSAC

CNRS EDITIONS

15, rue Malebranche – 75005 Paris

Illustration de couverture :

1) Micrographie de la section d'une couche mince mésoporeuse de silice déposée sur silicium.
2) Superposition d'une isotherme d'adsorption-désorption caractéristique d'un matériau mésoporeux.

ISBN 10 : 2-271-06430-9
ISBN 13 : 978-2-271-06430-1

Sommaire

Content

Avant-propos

Cet ouvrage est issu de la formation « Techniques innovantes pour la caractérisation optique microstructurale de couches minces (TICOMCOM) » organisée par l'Institut Européen des Membranes (UMII / ENSCM / CNRS UMR 5635) et le service de formation permanente de la délégation CNRS Languedoc-Roussillon, les 5 et 6 avril 2005 à Montpellier. Cette formation a réuni une soixantaine de participants venant de toute la France. Ingénieurs de l'industrie, chercheurs, techniciens et doctorants de laboratoires universitaires ont pu à cette occasion confronter leurs expériences et leurs besoins concernant la caractérisation des couches minces de différentes natures. Plusieurs communautés scientifiques étaient représentées : la physique, la chimie des matériaux et la biologie.

Les couches minces recouvrent en fait un très vaste domaine d'applications industrielles et de thèmes de recherche allant des revêtements de protection chimique ou mécanique aux membranes biologiques en passant par exemple par la microélectronique, l'optique, les capteurs, les membranes séparatives synthétiques ou encore les couches d'altération se développant à la surface des matériaux.

L'analyse de la microstructure et de la porosité de couches minces supportées d'épaisseur micronique ou submicronique est un problème complexe mais crucial pour optimiser leurs conditions de préparation et d'usage. Différentes méthodes physiques mettant en jeu l'interaction entre une surface solide et un rayonnement électromagnétique ou neutronique ont fait l'objet de différents développements récents pour la caractérisation des couches minces. Cet ouvrage, au travers de sept chapitres décrivant une technique de caractérisation particulière, rend compte de ces avancées. Les auteurs de ces différents chapitres, spécialistes reconnus nationalement et internationalement de la technique présentée, se sont efforcés de fournir des textes synthétiques, des illustrations claires ainsi que des références bibliographiques à partir desquelles le lecteur intéressé pourra, s'il le souhaite, approfondir ses connaissances.

Cet ouvrage sera fort utile à tous les ingénieurs, chercheurs et étudiants souhaitant s'initier ou se perfectionner à ces techniques de caractérisation de films minces.

Nous tenons à remercier chaleureusement les auteurs, les différentes personnes qui ont participé à l'organisation administrative, technique et scientifique de la formation TICOMCOM et aussi tous ceux qui ont soutenu l'initiative et contribué à la parution de cet ouvrage.

Vincent ROUESSAC et André AYRAL

Chapitre 1

Principes de base de l'ellipsométrie

Josette RIVORY

1. Introduction

L'ellipsométrie a une longue tradition en science et en technologie. Son origine remonte au travail de Paul Drude à la fin des années 1880, qui a appliqué les équations de Fresnel à l'étude de la réflexion de la lumière polarisée sur la surface de l'eau et a montré pourquoi elle ne s'annulait pas à l'angle de Brewster comme prévu [1]. Drude a non seulement introduit les bases de l'ellipsométrie mais aussi fait les premières mesures et déterminé les propriétés optiques d'un certain nombre de métaux [2]. À cette époque, et jusqu'aux années 1970, la technique dominante était l'ellipsométrie d'extinction *(null ellipsometry)* qui était une technique manuelle. Le renouveau de la technique a résulté du développement des instruments photométriques concomitant avec la venue des micro-ordinateurs rapides et peu chers. Ces derniers ont permis non seulement une analyse rapide des données, mais aussi d'accumuler les données sur plusieurs cycles. Il en a résulté une amélioration de la rapidité et de la précision de deux ordres de grandeur, ce qui a par ailleurs permis d'accéder aux mesures spectroscopiques. Les développements récents concernent l'amélioration de la précision, l'extension de la gamme spectrale de l'infrarouge à l'ultraviolet, la spectroscopie utilisant les matrices de Mueller pour extraire le maximum d'information sur des échantillons de plus en plus complexes [3].

Dans une mesure d'ellipsométrie, on détermine le changement de l'état de polarisation d'un faisceau lumineux réfléchi par (ou transmis à travers) la surface d'un échantillon. L'échantillon est alors le système optique qui modifie l'état de polarisation du faisceau lumineux. Traditionnellement, les valeurs mesurées sont exprimées par deux angles : psi (Ψ) et delta (Δ) ou par $\tan\Psi$ et $\cos\Delta$. Les paramètres ellipsométriques sont reliés au rapport des coefficients de Fresnel de l'échantillon r_p et r_s pour une onde polarisée suivant la direction p (parallèle au plan d'incidence), ou suivant la direction s (perpendiculaire au plan d'incidence) :

$$\rho = \frac{r_p}{r_s} = \tan\Psi e^{i\Delta}. \tag{1}$$

Dans ce qui suit, nous rappellerons quelques notions de base sur la description de l'état de polarisation, nous introduirons les différentes configurations utilisées en ellipsométrie. Nous donnerons ensuite des exemples d'application à des matériaux usuels.

Dans cette présentation, nous considérerons uniquement des matériaux isotropes ; nous ne détaillerons pas les problèmes liés aux études *in situ* en temps réel. Enfin dans une annexe, nous reprendrons une description plus complète des représentations des états de polarisation qui interviennent dans les développements les plus récents : matériaux anisotropes et ellipsométrie généralisée, cas de la lumière partiellement polarisée.

2. Lumière polarisée et ellipsométrie

2.1. Rappels

L'équation de propagation d'une onde électromagnétique de champ électrique $\vec{E}(\vec{r},t)$ dans un milieu isotrope de permittivité complexe ε s'écrit :

$$\left[\Delta - \frac{\varepsilon_r(\omega)}{c^2}\frac{\partial^2}{\partial t^2}\right]\vec{E}(\vec{r},t) = 0 \tag{2}$$

avec $\varepsilon_r = \varepsilon/\varepsilon_0$, où ε_0 est la permittivité du vide.

On peut écrire une solution de cette équation en terme d'onde plane monochromatique se propageant suivant la direction z :

$$\vec{E}(z,t) = \mathrm{Re}\left\{\begin{bmatrix} E_x \\ E_y \end{bmatrix} e^{i(k_z z - \omega t)}\right\} \tag{3}$$

où E_x et E_y sont les amplitudes complexes de $\vec{E}$ suivant les axes x et y ; on peut les écrire sous forme d'un vecteur colonne. Le vecteur d'onde suivant la direction de propagation est k_z, il est donné par :

$$k_z = \frac{\omega}{c}\sqrt{\varepsilon_r} = \frac{\omega}{c}N \tag{4}$$

où $N = n + ik = \sqrt{\varepsilon_r}$ est l'indice de réfraction complexe du milieu. L'intensité de l'onde est l'énergie qui traverse l'unité de surface perpendiculaire à la direction de propagation par unité de temps. Elle est donnée par la valeur moyenne dans le temps du vecteur de Poynting :

$$I = \left|\left\langle \vec{E}(t) \times \vec{H}(t)\right\rangle\right| = \frac{c\varepsilon_0}{2}(|E_x|^2 + |E_y|^2). \tag{5}$$

Dans le cas de l'ellipsométrie, les intensités lumineuses sont faibles, la réponse des matériaux est donc linéaire. On rappelle la formule de conversion de la longueur d'onde λ en énergie $\hbar\omega$ d'un photon :

$$\hbar\omega[eV] = \frac{1,23985}{\lambda[\mu m]}. \tag{6}$$

2.2. Polarisation de la lumière

La polarisation la plus générale pour une onde monochromatique est elliptique [4]. L'extrémité du vecteur champ électrique décrit dans le plan d'onde une ellipse au cours du temps. La figure 1 montre une ellipse de polarisation correspondant à une onde se propageant suivant l'axe z d'un trièdre orthonormé x, y, z. Les amplitudes du champ électrique sont notées X et Y. On peut écrire :

$$\vec{E}(t) = \begin{bmatrix} E_x(t) \\ E_y(t) \end{bmatrix} = \mathrm{Re}\left\{ \begin{bmatrix} Xe^{i\Delta} \\ Y \end{bmatrix} e^{i\omega(t-t_0)} \right\}. \tag{7}$$

Les angles ellipsométriques Ψ et Δ sont définis sur la figure 1, où l'axe x correspond à la direction p et l'axe y à la direction s [5]. Pour Δ positif, l'ellipse est décrite dans le sens des aiguilles d'une montre, la polarisation est dite droite ; pour Δ négatif, la polarisation est gauche. En dehors du déphasage Δ qui varie entre 0 et 2π ou $-\pi$ et $+\pi$, l'état de polarisation est défini par le rapport des amplitudes X et Y. Ce rapport peut être exprimé en fonction de l'angle Ψ par $\tan \Psi = X/Y$ où Ψ varie entre 0 et $\pi/2$. L'état elliptique peut aussi être représenté par son vecteur de Jones :

$$\begin{bmatrix} \sin \Psi e^{i\Delta} \\ \cos \Psi \end{bmatrix} \tag{8}$$

qui est déterminé par les deux angles réels Ψ et Δ. Une notion importante est l'orthogonalité des états de polarisation. On dira que deux états sont orthogonaux si leurs vecteurs de Jones sont orthogonaux au sens usuel de l'algèbre des vecteurs. L'état de polarisation orthogonal à celui écrit ci-dessus est :

$$\begin{bmatrix} -\cos \Psi e^{i\Delta} \\ \sin \Psi \end{bmatrix} = \begin{bmatrix} \sin(\pi/2 - \Psi) e^{i(\Delta \pm \pi)} \\ \cos(\pi/2 - \Psi) \end{bmatrix}. \tag{9}$$

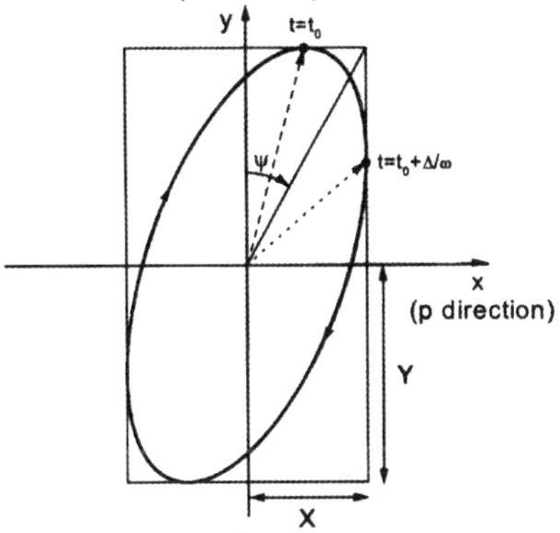

Figure 1. Ellipse de polarisation, dans le plan p, s, montrant les angles ellipsométriques Ψ et Δ [5].

Cas particuliers :

- Polarisation linéaire où $\Delta = 0$ ou π. L'ellipse se réduit à un segment qui est l'une des diagonales du rectangle défini par X et Y sur la figure 1. On appelle azimut l'angle entre la direction x et la direction du segment de droite, il varie entre 0 et π. Deux polarisations linéaires dont les azimuts font un angle de 90° sont orthogonales.
- Polarisation circulaire où $\Psi = \pi/4$ et $\Delta = \pi/2$ ou $-\pi/2$. La lumière est dite polarisée circulairement droite ou gauche. Les polarisations droite et gauche sont mutuellement orthogonales.

L'état général de polarisation elliptique peut être vu comme la superposition de deux états linéaires, l'un suivant x avec l'amplitude complexe $\sin\Psi \exp i\Delta$ et l'autre suivant y avec l'amplitude $\cos\Psi$. C'est également la superposition de toute autre paire d'états orthogonaux, par exemple d'un état circulaire droit et d'un état circulaire gauche. Un tel état est dit « pur ».

On peut rencontrer des états partiellement polarisés. On définit une probabilité w_χ de trouver un état pur particulier de polarisation χ. Au lieu d'avoir deux quantités Ψ et Δ à considérer, il faut trois quantités Ψ, Δ, w_χ pour décrire un état mixte. Une autre manière d'indiquer la préférence pour un état pur χ est de définir le degré de polarisation P_χ, relié à la probabilité w_χ : $P_\chi = 2w_\chi - 1$. L'intensité d'un faisceau partiellement polarisé est décomposée en une fraction P_χ d'une lumière totalement polarisée et une fraction $1 - P_\chi$ d'une lumière complètement non polarisée.

3. Différentes configurations en ellipsométrie

La technique ellipsométrique repose sur la manipulation de l'état de polarisation à l'aide d'éléments polarisants et de l'échantillon à mesurer. La configuration de base d'un ellipsomètre est donnée sur la figure 2 ; elle est constituée d'une source lumineuse, d'un polariseur linéaire (P), d'un compensateur (C), de l'échantillon (S : sample), d'un polariseur linéaire appelé analyseur (A) et d'un détecteur. Le bras contenant la source, P et C prépare un état de polarisation bien défini de la lumière incidente sur l'échantillon, le bras contenant l'analyseur et le détecteur détecte le changement de polarisation produit par l'échantillon. La figure 2 présente la configuration PCSA, une autre possibilité est la configuration PSCA obtenue en déplaçant le compensateur entre l'échantillon et l'analyseur.

L'échantillon est supposé plan, l'angle d'incidence est φ. Le plan d'incidence est le plan défini par la direction du faisceau incident et la normale à l'échantillon. Les mesures se font toujours sous incidence oblique, car c'est là que le comportement des deux polarisations linéaires de base, parallèle au plan d'incidence (polarisation p) et perpendiculaire au plan d'incidence (polarisation s) est le plus différent. Sur la figure 2, les directions de la lumière polarisée linéairement transmise par le polariseur et l'analyseur sont définies par les angles P et A. L'axe rapide du compensateur est repéré par l'angle C. Ces angles sont mesurés à partir des axes x locaux situés dans le plan d'incidence.

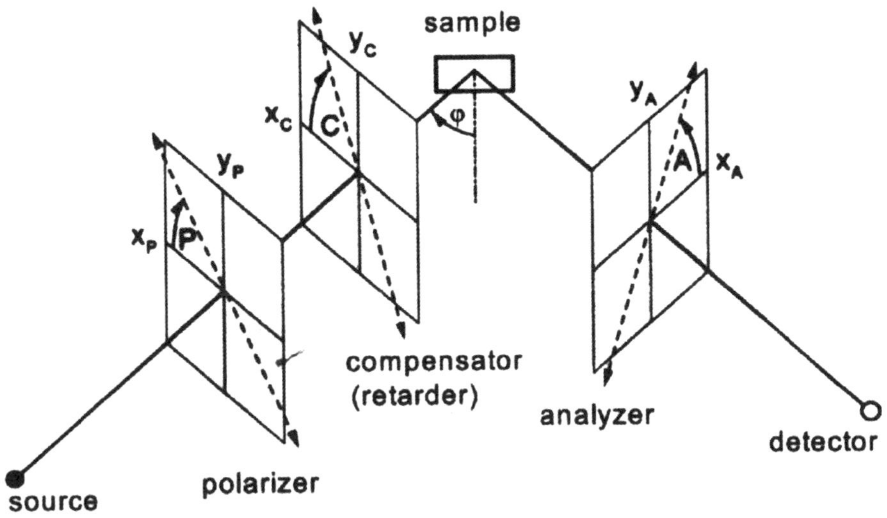

Figure 2. Configuration générale d'un ellipsomètre, comprenant une source, un polariseur, un compensateur, un échantillon, un analyseur, un détecteur [5].

Nous allons maintenant exprimer l'amplitude du champ électrique vu par le détecteur en fonction des différents composants optiques. Nous allons considérer les étapes successives suivantes :

i) On désigne par E_P l'amplitude complexe de l'onde polarisée linéairement transmise par le polariseur.

ii) L'onde incidente sur le compensateur est une superposition de la composante alignée le long de l'axe rapide qui a l'amplitude $E_P \cos(P - C)$ et de la composante orthogonale suivant l'axe lent qui a l'amplitude $E_P \sin(P - C)$. L'onde transmise est modifiée par les coefficients de transmission complexes t_{rapide} et t_{lent}. Les amplitudes transmises par le compensateur suivant ses axes rapide et lent s'écrivent :

$$E_{rapide} = t_{rapide} E_P \cos(P - C), \quad E_{lent} = t_{lent} E_P \sin(P - C). \tag{10}$$

iii) L'onde incidente sur l'échantillon est la superposition des composantes parallèle et perpendiculaire au plan d'incidence. Les amplitudes complexes correspondantes sont :

$$E_{rapide} \cos C - E_{lent} \sin C, \qquad E_{rapide} \sin C + E_{lent} \cos C.$$

L'onde réfléchie est modifiée par les coefficients de réflexion complexes r_p et r_s. Par conséquent, les amplitudes des composantes p et s réfléchies par l'échantillon sont :

$$\begin{aligned} E_{rp} &= r_p(E_{rapide} \cos C - E_{lent} \sin C) \\ E_{rs} &= r_s(E_{rapide} \sin C + E_{lent} \cos C). \end{aligned} \tag{11}$$

iv) Finalement, l'onde transmise par l'analyseur résulte de la superposition des composantes p et s projetées sur la direction A. Le résultat est :

$$\begin{aligned} E_A &= E_{rp}\cos A + E_{rs}\sin A \\ E_A &= E_P(r_p\cos A\big[t_{rapide}\cos(P-C)\cos C - t_{lent}\sin(P-C)sinC\big] \\ &\quad + r_s\sin A\big[t_{lent}\sin(P-C) + t_{rapide}\cos(P-C)\sin C\big]\big)\,. \end{aligned} \tag{12}$$

L'intensité de la lumière est proportionnelle à $|E_A|^2$.

La configuration polariseur-échantillon-analyseur (PSA) obtenue en enlevant le compensateur est la plus couramment utilisée. Pour supprimer le compensateur, il suffit d'aligner l'un de ses axes avec la direction du polariseur ($P = C$) et de prendre $t_{rapide} = t_{lent} = 1$. On arrive à l'expression suivante :

$$E_A = E_P(r_p\cos P\cos A + r_s\sin P\sin A) \tag{13}$$

ou

$$E_A = E_P r_s(\rho\cos P\cos A + \sin P\sin A) \tag{14}$$

avec $\rho = \frac{r_p}{r_s} = \tan\Psi e^{i\Delta}$.

On peut obtenir les résultats précédents en calculant les amplitudes des champs en utilisant les vecteurs et les matrices de Jones et en choisissant correctement les systèmes de coordonnées. Par exemple, pour la configuration PSA, on écrirait :

$$E_A\begin{bmatrix}1\\0\end{bmatrix} = \begin{pmatrix}1 & 0\\0 & 0\end{pmatrix}\begin{pmatrix}\cos A & \sin A\\-\sin A & \cos A\end{pmatrix}\begin{pmatrix}r_p & 0\\0 & r_s\end{pmatrix}\begin{bmatrix}\cos P\\\sin P\end{bmatrix}E_P \tag{15}$$

en supposant que la matrice de Jones de l'échantillon est diagonale, c'est-à-dire que l'échantillon est isotrope et qu'il n'y a pas de dépolarisation de la lumière.

Ellipsomètres à extinction

La polarisation linéaire après le polariseur est transformée en polarisation elliptique par le compensateur. Ce dernier est orienté de manière à ce que la lumière après réflexion sur l'échantillon soit linéaire. L'analyseur est ensuite orienté pour avoir extinction du signal sur le détecteur. Cette technique est lente et peu adaptée aux mesures spectroscopiques.

Ellipsométrie photométrique et polarimétrie

On mesure l'intensité sur le détecteur pour différentes positions des composants optiques. Cette méthode est bien adaptée aux mesures spectroscopiques dans de larges domaines spectraux. Les paramètres importants dans tout système photométrique sont la sensibilité, la linéarité, le temps de réponse et la dépendance vis-à-vis de la polarisation du détecteur.

La configuration PSA se prête bien aux mesures d'intensité par un choix correct des azimuts du polariseur et de l'analyseur. Puisque l'état de polarisation analysé ne dépend pas des intensités absolues, on pourra prendre l'une d'elles comme référence. Par conséquent, il faudra au moins trois intensités indépendantes pour déterminer les deux paramètres ellipsométriques réels. Pour une valeur de P fixée et en utilisant l'équation 14, on peut exprimer l'intensité transmise par l'analyseur sous la forme suivante :

$$I(A) = I(P)|r_s|^2\cos^2 P(\tan^2\Psi\cos^2 A + \tan^2 P\sin^2 A + 2\tan\Psi\cos\Delta\tan P\cos A\sin A). \quad (16)$$

En prenant l'intensité pour $A = \pi/2$ comme référence, l'angle Ψ est obtenu à partir de l'intensité relative pour $A = 0$:

$$\tan\Psi = |\tan P|\sqrt{I(0)/I(\pi/2)}. \quad (17)$$

La troisième intensité peut être mesurée pour $A = \pi/4$. On calcule alors l'angle Δ par :

$$\cos\Delta = \mathrm{sgn}(P)[2I(\pi/4) - I(0) - I(\pi/2)]\Big/\Big[2\sqrt{I(0)I(\pi/2)}\Big]. \quad (18)$$

On constate l'impossibilité de connaître le signe de Δ qui est confiné dans un intervalle de longueur π. On peut minimiser les erreurs par un choix convenable de P. Une valeur de $P \approx \Psi$ (tracking) semble favorable car alors $I(0) \approx I(\pi/2)$. En tout cas les valeurs de P proches de 0 ou de $\pm\pi$ sont à écarter car elles conduisent rapidement à un manque de sensibilité.

On doit en pratique avoir un plus grand nombre de mesures d'intensité, car les zéros du polariseur et de l'analyseur sont à déterminer, ce qui a donné naissance aux deux configurations : *polariseur tournant (RPE)* et *analyseur tournant (RAE)*. Dans le cas de la configuration à analyseur tournant, l'expression de l'intensité vue sur le détecteur peut être réécrite en mettant en évidence l'angle A :

$$I(A) = I_0(1 + \alpha\cos 2A + \beta\sin 2A) \quad (19)$$

avec

$$I_0 = \frac{I(P)|r_s|^2\cos^2 P}{2(\tan^2\Psi + \tan^2 P)} \qquad \alpha = \frac{\tan^2\Psi - \tan^2 P}{\tan^2\Psi + \tan^2 P} \qquad \beta = \frac{2\tan P\tan\Psi\cos\Delta}{\tan^2\Psi + \tan^2 P}. \quad (20)$$

Lorsque l'angle A est fonction du temps $A = \omega t + \theta$, α et β sont les coefficients de Fourier de l'intensité mesurée. Une fois qu'ils sont calculés, on en déduit $\tan\Psi$ et $\cos\Delta$:

$$\tan\Psi = |\tan P|\sqrt{\frac{1+\alpha}{1-\alpha}} \qquad \cos\Delta = \mathrm{sgn}(P)\frac{\beta}{\sqrt{1-\alpha^2}}. \quad (21)$$

Dans la configuration RPE, l'analyseur est fixe et on mesure l'intensité au cours de la rotation du polariseur ; les formules précédentes sont valables en changeant A en P [6]. Dans ce cas, le détecteur n'a pas besoin d'être insensible à la polarisation, par contre la source doit être non polarisée ; inversement, dans le cas RAE, le détecteur doit être insensible à la polarisation. Des corrections à ces imperfections peuvent être apportées par des procédures de calibration.

Bien que la configuration PSA soit très performante dans un grand nombre de cas, l'introduction d'un compensateur offre de nombreux avantages (montage PCSA). Il permet tout d'abord d'éliminer les « zones d'ombre » quand Δ est proche de 0 ou de $\pm\pi$, de plus il permet de détecter et d'estimer une polarisation partielle de la lumière, par exemple en déterminant les coefficients de Fourier α et β pour deux positions de l'axe du compensateur parallèle et perpendiculaire au plan d'incidence.

Ellipsomètre à compensateur tournant (RCE)

Ce type d'ellipsomètre permet de s'affranchir de toutes les contraintes de polarisation résiduelle au niveau de la source ou du détecteur puisque le polariseur et l'analyseur sont fixes. Cependant, il nécessite une calibration en longueur d'onde du compensateur. L'intensité détectée est de la forme :

$$I(t) = I_0(1 + \alpha_2 \cos 2\omega_C t + \beta_2 \sin 2\omega_C t + \alpha_4 \cos 4\omega_C t + \beta_4 \sin 4\omega_C t). \quad (22)$$

Les quatre coefficients de Fourier sont reliés aux composantes du vecteur de Stokes de la lumière réfléchie par la surface de l'échantillon.

Les avantages sont nombreux : mesures précises même au voisinage de Δ égal 0 ou $\pm\pi$, détermination du degré de dépolarisation. Collins *et al.* [7] ont comparé les deux configurations RAE et RCE pour une couche de carbone diamant déposée par PECVD sur un substrat de Si. Le compensateur est une lame de mica de 26 μm d'épaisseur tournant à 15,6 Hz. La figure 3 montre la variation de Ψ et Δ en fonction de l'énergie ainsi que le coefficient de dépolarisation p déduit de la mesure avec compensateur tournant. On constate que p devient largement inférieur à 1 dans l'ultraviolet. Cette dépolarisation apparente est attribuée à la non-homogénéité de l'échantillon dans la zone éclairée par le faisceau lumineux et à une diffusion de la lumière par les nanocristallites de diamant.

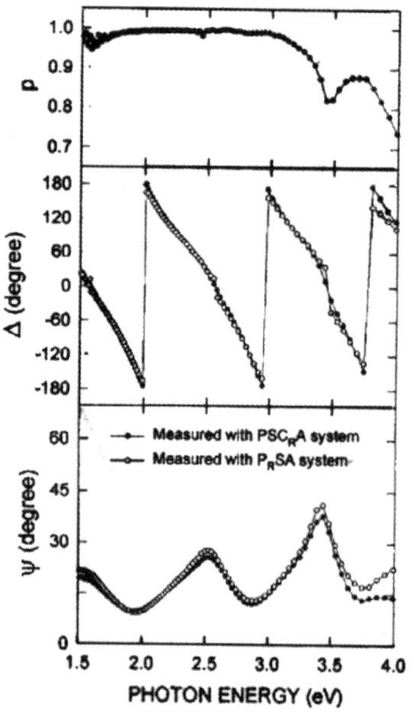

Figure 3. Comparaison des mesures faites sur une couche de carbone diamant avec un ellipsomètre à analyseur tournant et un ellipsomètre à compensateur tournant. La courbe supérieure montre le degré de dépolarisation de la lumière obtenue par l'ellipsomètre à compensateur tournant [7].

Ellipsomètre à modulation de phase

Un travail considérable a été fait sur ce type d'ellipsomètre qui utilise un modulateur photoélastique au lieu d'un compensateur tournant [8]. La fréquence de modulation de 50 kHz permet des mesures très rapides, mais des temps d'acquisition plus longs sont nécessaires pour avoir un rapport signal sur bruit convenable. Le modulateur introduit un déphasage sinusoïdal entre les deux composantes orthogonales du champ :

$$\delta(t) = a \sin \omega t \tag{23}$$

et l'intensité est de la forme :

$$I(t) = I_0 + I_s \sin \delta(t) + I_c \cos \delta(t) \tag{24}$$

où I_0, I_s, I_c dépendent de A, P, M (angle de l'axe rapide du modulateur avec le plan d'incidence), Ψ et Δ. En général, on prend $A = \pi/4$, $P - M = \pi/4$. On a alors :

$$I(t) = I_0[1 + \sin 2\Psi \sin \Delta \sin \delta(t) + (\cos 2\Psi \sin 2M + \cos 2M \sin 2\Psi \cos \Delta) \cos \delta(t)]. \tag{25}$$

On utilise deux configurations $M = 0$ et $M = \pi/4$. Les fonctions $\sin \delta(t)$ et $\cos \delta(t)$ sont développées en série de Fourier.

4. Réflexion de la lumière sur une surface

Cas d'un interface entre deux milieux semi-infinis

Les coefficients de Fresnel r_p et r_s déduits des conditions de continuité des champs à l'interface s'expriment en fonction des indices de réfraction complexes des deux milieux N_0 et N_s et des angles d'incidence φ_0 et de transmission φ_s :

$$r_p = \frac{N_s \cos \varphi_0 - N_0 \cos \varphi_s}{N_s \cos \varphi_0 + N_0 \cos \varphi_s}, \quad r_s = \frac{N_0 \cos \varphi_0 - N_s \cos \varphi_s}{N_0 \cos \varphi_0 + N_s \cos \varphi_s}. \tag{26}$$

Pour des milieux non-absorbants, r_s ne change pas de signe, par contre r_p change de signe pour un angle particulier qui est l'angle de Brewster φ_B défini par :

$$\tan \varphi_B = n_s / n_0. \tag{27}$$

On peut, à partir de l'équation 26 et de la loi de Snell-Descartes $N_0 \sin \varphi_0 = N_s \sin \varphi_s$, exprimer le rapport des amplitudes complexes ρ :

$$\rho = \frac{\sin^2 \varphi_0 - \left[(N_s / N_0)^2 - \sin^2 \varphi_0 \right]^{1/2} \cos \varphi_0}{\sin^2 \varphi_0 + \left[(N_s / N_0)^2 - \sin^2 \varphi_0 \right]^{1/2} \cos \varphi_0}. \tag{28}$$

Par inversion de l'équation 28, on calcule l'indice de réfraction complexe du matériau massif ou, de manière équivalente, sa fonction diélectrique complexe $\varepsilon_s = N_s^2$ en fonction de Ψ et Δ :

$$\varepsilon_s = \varepsilon_0 \sin^2 \varphi_0 \left[1 + \left(\frac{1-\rho}{1+\rho} \right)^2 \tan^2 \varphi_0 \right]. \tag{29}$$

Cette expression est très utilisée pour caractériser la croissance de couches minces sur substrats semi-conducteurs [9]. On parle alors de pseudo-fonction diélectrique que l'on note $\langle \varepsilon \rangle = \langle \varepsilon_1 \rangle + i \langle \varepsilon_2 \rangle$.

Cas d'une couche mince sur un substrat

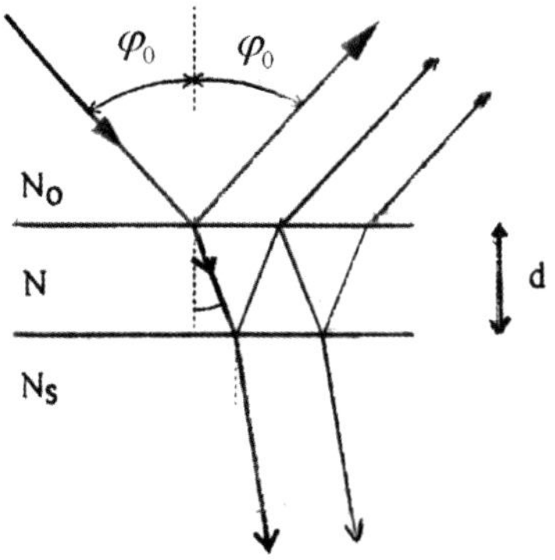

Figure 4. Réflexion, transmission de la lumière par une couche mince déposée sur un substrat.

On a trois milieux (ambiant, film mince, substrat) et deux interfaces. Comme le montre la figure 4, on doit tenir compte des réflexions et transmissions multiples à l'intérieur de la couche et sommer leurs amplitudes. On obtient pour les coefficients de réflexion p et s l'expression suivante (où $i = p$, s) :

$$r_i = \frac{r_{i,0f} + r_{i,fs} \exp(-i2\delta)}{1 + r_{i,0f} r_{i,fs} \exp(-i2\delta)} \tag{30}$$

$r_{i,0f}$ et $r_{i,fs}$ sont les coefficients de réflexion pour les interfaces ambiant/film et film/ substrat respectivement. δ est donné par :

$$\delta = 2\pi \frac{d}{\lambda} N \cos \varphi = 2\pi \frac{d}{\lambda} \left(N^2 - N_0^2 \sin^2 \varphi_0 \right)^{1/2} \tag{31}$$

d est l'épaisseur du film, N est son indice de réfraction, φ est l'angle d'incidence dans le film [10, 11].

Cas d'un système multicouche

Quand le nombre des interfaces augmente, il faut utiliser une méthode matricielle pour le calcul des coefficients de réflexion. Nous utilisons la méthode initiée par Abelès [10, 12]. Chaque couche mince est représentée par une matrice qui exprime la transformation des champs électrique et magnétique au passage de la couche :

$$\begin{bmatrix} E_a \\ H_a \end{bmatrix} = \begin{pmatrix} \cos\delta & i\dfrac{\sin\delta}{\eta} \\ i\eta\sin\delta & \cos\delta \end{pmatrix} \begin{bmatrix} E_b \\ H_b \end{bmatrix} \tag{32}$$

avec δ donné par l'équation 31. L'indice effectif η s'exprime par :

$$\eta = N\cos\varphi \quad \text{en polarisation s} \tag{33}$$

$$\eta = \frac{N}{\cos\varphi} \quad \text{en polarisation p.}$$

Exemples

i) La variation des paramètres ellipsométriques en fonction de l'angle d'incidence pour un matériau transparent d'indice $n = 1,5$ est reportée sur la figure 5. On remarque que Ψ est égal à 45° et Δ à 180° en incidence normale ($\tan\Psi = 1$, $\cos\Delta = -1$). Quand l'angle d'incidence augmente, Ψ diminue et s'annule pour un angle d'incidence proche de 56° ; à cet angle Δ passe brusquement de 180° à 0°. L'angle pour lequel a lieu ce changement est l'angle de Brewster défini par l'équation 27. Pour mieux comprendre la variation de Ψ avec l'angle d'incidence, il faut se souvenir que $\tan\Psi$ est égal au rapport des intensités réfléchies en polarisations p et s.

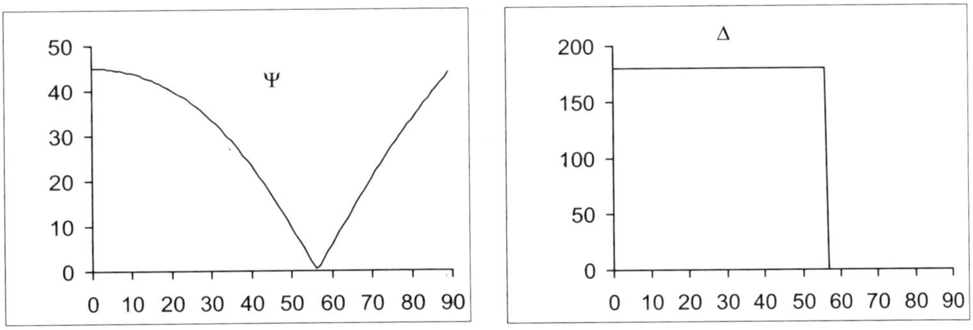

Figure 5. Variation des paramètres ellipsométriques Ψ et Δ en fonction de l'angle d'incidence pour un matériau massif transparent d'indice n = 1,5.

Sur la figure 6, nous avons représenté les intensités R_p et R_s réfléchies par le matériau de la figure 5, sachant que :

$$R_p = |r_p|^2, \qquad R_s = |r_s|^2. \tag{34}$$

Les deux intensités sont identiques en incidence normale ; R_s augmente de manière monotone alors que R_p passe par 0 à l'angle de Brewster.

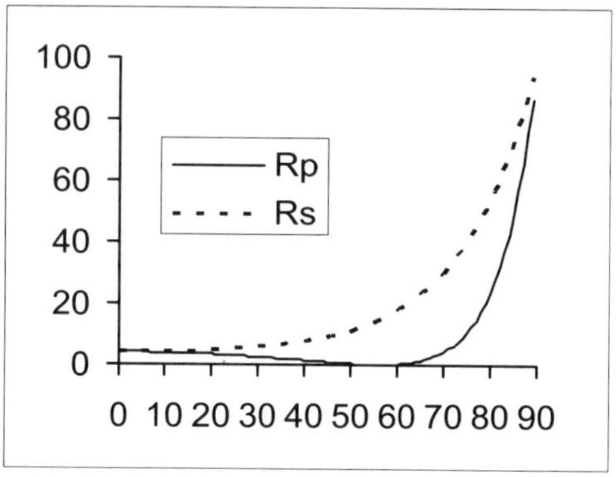

Figure 6. Intensités réfléchies en polarisation p et s par la surface d'un matériau massif d'indice n = 1,5.

Si le matériau est légèrement absorbant, c'est le cas du Si à 633 nm où n = 3,875 et k = 0,023, le minimum de R_p n'est plus nul : on parle de pseudo angle de Brewster (75,5° pour ces valeurs de n et k).

ii) Les paramètres ellipsométriques sont très sensibles à la présence d'une couche superficielle. C'est particulièrement visible si on considère un wafer de Si sur lequel on fait croître une couche d'oxyde et si on fait la mesure pour un angle d'incidence voisin de l'angle de Brewster. Sur la figure 7, nous avons reporté les spectres ellipsométriques obtenus pour un substrat de silicium nu puis recouvert de couches de SiO_2 d'épaisseurs croissantes pour un angle d'incidence de 75°. La pente de $\cos\Delta$ au voisinage de $\cos\Delta = 0$ devient de moins en moins abrupte quand l'oxyde croit.

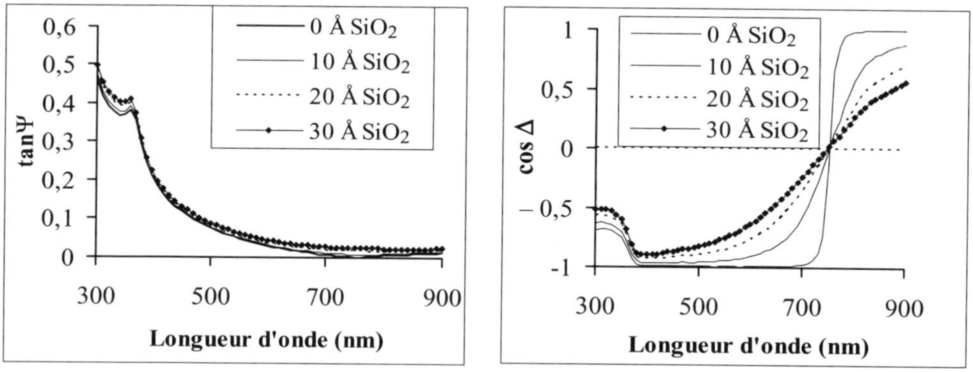

Figure 7. Paramètres ellipsométriques d'un substrat de silicium nu puis recouvert d'une couche de SiO_2 d'épaisseur 10, 20, 30 angströms.

iii) Considérons maintenant, les spectres ellipsométriques obtenus sur une couche mince d'épaisseur 320 nm déposée sur un substrat de Si par voie sol-gel. Il s'agit d'une couche de silice poreuse (fraction volumique de pore d'environ 53 %). Au cours d'une expérience d'adsorption d'éthanol (fig. 8), on observe un déplacement des franges d'interférences quand la pression relative P/P_0 varie de 0 à 0,9, qui correspond au changement d'indice des pores.

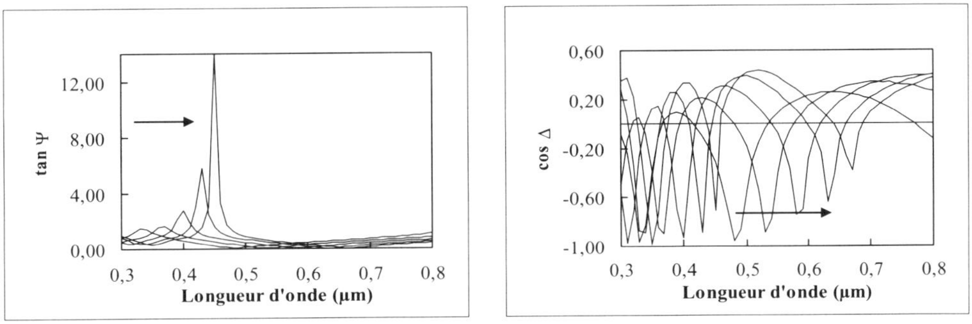

Figure 8. Évolution des paramètres ellipsométriques d'une couche de silice poreuse de 320 nm au cours de l'adsorption d'éthanol. Les spectres se déplacent vers la droite quand la pression relative augmente.

iv) Un des problèmes que l'on rencontre fréquemment lors des mesures ellipsométriques est lié à la face arrière des échantillons. En effet, les modèles utilisés considèrent le substrat comme un milieu semi-infini, or si le substrat est transparent dans le domaine spectral où on fait la mesure, il est nécessaire que la face arrière soit dépolie pour éviter le retour des faisceaux réfléchis. La qualité du dépoli n'est pas toujours facile à apprécier ; elle dépend de la gamme spectrale utilisée. La figure 9 montre un exemple de mesure sur une couche mince de SiOC d'épaisseur 160 nm déposée sur un wafer de Si dont la face arrière a un dépoli standard (commercial). Notre gamme de mesure pour ces échantillons s'étend en général entre 850 et 300 nm, nous ne rencontrons pas de difficultés car le silicium est absorbant. Toutefois, nous avons eu l'occasion de prolonger nos mesures dans le proche IR jusqu'à 1,8 μm et nous avons constaté que le dépoli de la face arrière n'était pas suffisant et provoquait des erreurs dans les mesures au-dessus de 1 μm, comme le montre la simulation (trait pointillé). On peut apporter une correction informatique à ce problème, mais elle n'est pas toujours bien adaptée. On peut aussi, dans certains cas, utiliser un dispositif microspot qui permet d'éliminer mécaniquement la réflexion sur la face arrière.

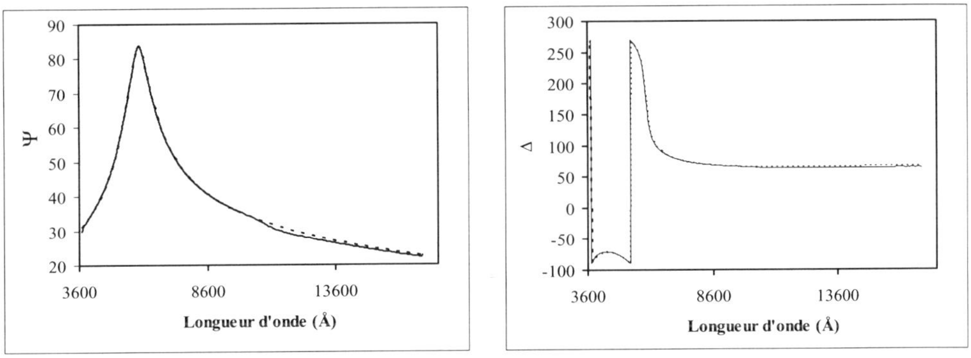

Figure 9. Effet de la contribution de la face arrière d'un substrat de Si insuffisamment dépoli sur les spectres ellipsométriques d'une couche de SiOC de 160 nm d'épaisseur. Les mesures sont en trait continu, la simulation pour un substrat semi-infini en trait pointillé.

5. Traitement des données

Pour un matériau massif, nous avons vu qu'on peut calculer n et k par simple inversion de $\tan\Psi$ et $\cos\Delta$ (équation 29). Pour une couche mince, plusieurs cas peuvent se présenter. Si la couche mince est transparente, son indice et son épaisseur peuvent être calculées à chaque longueur d'onde ; si elle est absorbante, il faut connaître son épaisseur pour pouvoir calculer son indice de réfraction n et son coefficient d'extinction k. Pour cela, on résout par approximations successives le système de deux équations :

$$\begin{aligned} \tan\Psi(n,k,d,\lambda) &= \tan\Psi_{\text{exp}} \\ \cos\Delta(n,k,d,\lambda) &= \cos\Delta_{\text{exp}}. \end{aligned} \tag{35}$$

Il n'est pas toujours possible de trouver des solutions de ce système continues en fonction de la longueur d'onde, il est souvent plus commode d'utiliser une méthode de régression des données optiques. Pour cela, il faut définir un modèle optique pour l'échantillon à étudier : nombre de couches, substrat, et paramétrer les constantes optiques des matériaux qui le composent et avoir une estimation des épaisseurs des couches présentes. A partir des valeurs initiales des paramètres, on calcule les valeurs de Ψ et Δ et on les compare aux valeurs mesurées. Pour estimer si les valeurs calculées ajustent bien les valeurs mesurées, il faut calculer l'erreur moyenne par point au sens des moindres carrés :

$$MSE = \frac{1}{2N-M}\sum_{i=1}^{N}\left[\left(\frac{\Psi_i^{cal}-\Psi_i^{\text{exp}}}{\sigma_{\Psi,i}^{\text{exp}}}\right)^2+\left(\frac{\Delta_i^{cal}-\Delta_i^{\text{exp}}}{\sigma_{\Delta,i}^{\text{exp}}}\right)^2\right] = \frac{1}{2N-M}\chi^2 \tag{36}$$

où N est le nombre de paires (Ψ,Δ), M est le nombre de paramètres du modèle et les σ sont les erreurs standard sur les valeurs mesurées. Ces dernières ne sont pas toujours bien connues et elles sont omises dans la définition de l'estimateur. Il existe un grand nombre de méthodes de minimisation de MSE, telles que la méthode du gradient et surtout l'algorithme de Levenberg-Marquardt. Nous ne donnerons pas de détails sur ces méthodes, elles sont inclues dans le software fourni avec les ellipsomètres commerciaux. Toutefois, il est important de vérifier après la minimisation les limites de confiance que l'on peut accorder aux valeurs des paramètres trouvées et tout particulièrement de regarder le tableau des coefficients de corrélation.

Modèles usuels

Un modèle simple classique très utilisé est le modèle de l'oscillateur de Lorentz qui permet d'exprimer de manière consistante (au sens de Kramers-Kronig) la partie réelle et la partie imaginaire de la fonction diélectrique :

$$\varepsilon_r = 1+\sum_{i=1}^{N}\frac{s_i}{1-(\lambda_i^2/\lambda^2)+i\Gamma_i(\lambda_i/\lambda)} \tag{37}$$

où s_i, Γ_i et λ_i sont la force, l'amortissement, la longueur d'onde de résonance de chaque oscillateur.

Quand $\Gamma_i << 1$, on obtient la relation de Sellmeier :

$$n^2 = 1 + \sum_{i=1}^{N} \frac{s_i}{1 - \lambda_i^2/\lambda^2}. \tag{38}$$

Dans le cas où une seule λ_i est proche du domaine spectral étudié, il peut être utile d'utiliser la loi de Cauchy :

$$n(\lambda) = A + B/\lambda^2 + C/\lambda^4 \tag{39}$$

où A, B, C sont indépendants de la longueur d'onde.

Les modèles de milieux effectifs sont employés fréquemment pour décrire les propriétés optiques de mélanges : les plus connus sont le modèle de Maxwell-Garnett et le modèle de Bruggemann. Ce dernier permet de calculer la fonction diélectrique effective ε d'un mélange de plusieurs matériaux (ici trois) de fractions volumiques f_i :

$$f_a \frac{\varepsilon_a - \varepsilon}{\varepsilon_a + 2\varepsilon} + f_b \frac{\varepsilon_b - \varepsilon}{\varepsilon_b + 2\varepsilon} + f_c \frac{\varepsilon_c - \varepsilon}{\varepsilon_c + 2\varepsilon} = 0. \tag{40}$$

Nous avons utilisé l'équation 38 pour traiter les spectres de la figure 8, nous avons obtenu l'épaisseur de la couche de silice et son indice de réfraction en fonction de la longueur d'onde. Nous avons tracé sur la figure 10 (a) la variation de l'indice à 600 nm en fonction de la pression relative d'éthanol ; ensuite, en utilisant la formule 40, nous avons calculé le taux de remplissage des pores, figure 10 (b), en prenant pour la matrice un indice de 1,488 et pour l'éthanol un indice de 1,36.

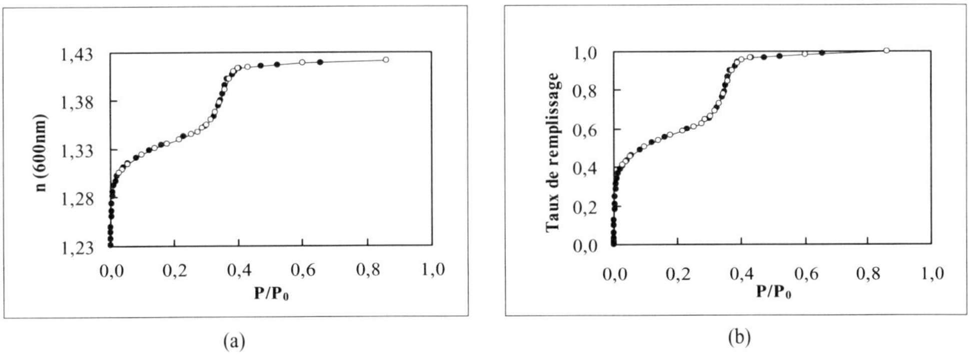

Figure 10. Variation de l'indice de réfraction à 600 nm déduite des spectres ellipsométriques de la figure 8 lors de l'adsorption d'éthanol (a) ; variation du taux de remplissage des pores (b).

Il existe un grand nombre de modèles pour les semi-conducteurs au dessus du gap fondamental [13], qui permettent l'analyse des points critiques ; cependant, on peut aussi (la rapidité des ordinateurs le permettant) utiliser un grand nombre d'oscillateurs de Lorentz pour reproduire les parties réelle et imaginaire de la constante diélectrique, comme on le voit sur la figure 11.

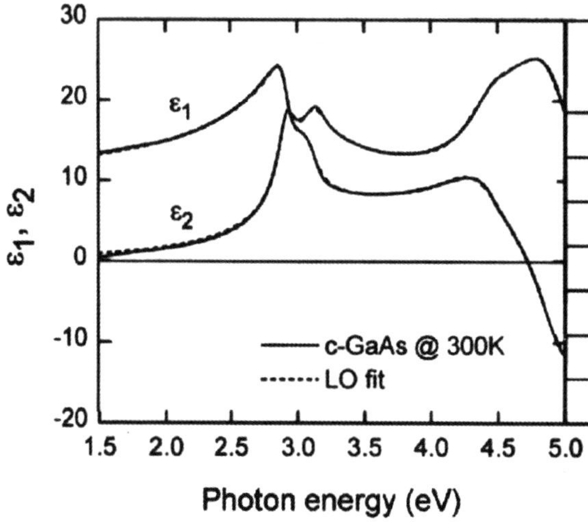

Lorentz Osc. (eV)	Critical Point Energies (eV)
2.925	E_1=2.916
3.121	$E_1+\Delta_1$=3.154
3.294	-
3.857	-
4.514	E_0'=4.456
4.870	E_2=4.971
5.300	-

Figure 11. Parties réelle et imaginaire de la fonction diélectrique de GaAs massif déterminées par ellipsométrie ; en trait continu le calcul point par point, en pointillé l'ajustement avec sept oscillateurs de Lorentz. Sur les sept oscillateurs, seulement quatre correspondent à des points critiques [13].

6. Ellipsométrie généralisée (GE)

On désigne par ce nom la procédure qui permet d'extraire les données nécessaires à l'étude des matériaux anisotropes. Nous ne décrirons pas le calcul des coefficients de réflexion correspondants à ces matériaux, mais nous allons indiquer seulement quelles sont les configurations qui permettent d'accéder aux paramètres nécessaires.

La matrice de Jones d'un matériau anisotrope s'écrit :

$$J = \begin{pmatrix} r_{pp} & r_{sp} \\ r_{ps} & r_{ss} \end{pmatrix}. \tag{41}$$

Les éléments diagonaux correspondent à des matériaux qui réfléchissent la lumière p et s en lumière p et s respectivement, les termes non-diagonaux prennent en compte la possibilité que de la lumière incidente p (ou s) puisse émerger en polarisation s (ou p). On définit trois éléments de Jones normalisés par :

$$\begin{aligned} R_{pp} &= \frac{r_{pp}}{r_{ss}} = \tan \Psi_{pp} e^{i\Delta_{pp}} \\ R_{ps} &= \frac{r_{ps}}{r_{pp}} = \tan \Psi_{ps} e^{i\Delta_{ps}} \\ R_{sp} &= \frac{r_{sp}}{r_{ss}} = \tan \Psi_{sp} e^{i\Delta_{sp}}. \end{aligned} \tag{42}$$

Il est possible d'étendre les techniques d'ellipsométrie standard à l'ellipsométrie généralisée. Toutefois, on ne peut pas déterminer les signes des phases de tous les coefficients de réflexion normalisés [14]. Pour une détermination complète, il est indispensable d'inclure un compensateur dans un ellipsomètre à analyseur (ou polariseur) tournant. On devra effectuer la mesure de α, β pour plusieurs couples (P, C, w) où P et C sont les azimuts du polariseur et du compensateur et w le retard de phase du compensateur et en déduire R_{pp}, R_{ps}, R_{sp} par des équations analogues à l'équation 21. Il faudra également faire les mesures pour différentes orientations de l'échantillon.

7. Conclusion

L'ellipsométrie traditionnelle utilisant les appareils automatisés à polariseur ou analyseur tournant a permis de faire de grands progrès dans la détermination des propriétés optiques des matériaux massifs et en couches minces. La complexité croissante des systèmes à étudier a mis au jour les limitations de ces appareils et a suscité des avances technologiques, tout en gardant le principe de mesures photométriques.

Parmi les récents développements, on peut citer :

- l'incorporation de compensateurs plus performants ;
- le traitement de spectres pris à plusieurs angles d'incidence ;
- le développement de la configuration à compensateur tournant ;
- l'augmentation du domaine spectral accessible à l'ellipsométrie ;
- l'ellipsométrie généralisée spectroscopique et son application aux matériaux anisotropes ;
- le développement de la microellipsométrie et de l'imagerie ;
- l'amélioration de l'ellipsométrie spectroscopique pour les applications en temps réel.

Pour une revue complète sur l'ellipsométrie, on pourra se reporter aux *proceedings* des trois conférences internationales de 1993 à Paris [16], 1997 à Charleston [17], 2003 à Vienne [18].

Références bibliographiques

[1] DRUDE P., *Ann. Physik Chemie*, 32, 1887, p. 584.

[2] DRUDE P., *Ann. Physik Chemie*, 38, 1890, p. 481.

[3] ASPNES D. E., *Thin Solid Films*, 455-456, 2004, p. 3.

[4] HUARD S., dans *Polarisation de la lumière*, Paris, Masson, 1993.

[5] HUMLICEK J., *Handbook of Ellipsometry*, Tompkins, HARLAND G., IRENE EUGENE A. (Eds.), Spinger, 2005, chapitre 1.

[6] BERNOUX F., PIEL J. Ph., LECAT J. H., STEHLÉ J. L., *Les techniques de l'Ingénieur*, R 6490, 2003.

[7] LEE Joungchel, ROVIRA P. I., AN Ilsin, COLLINS R. W., *Review of scientific instruments*, 69, 1998, p. 1800.

[8] DRÉVILLON B., PERRIN J., MARBOT R., VIOLET A., DARBY J. L., *Review of scientific instruments*, 53, 1982, p. 969.

[9] COLLINS R. W., *Amorphous Silicon and related Materials*, Singapore, FRITZSCHE H. (Ed.), World Publishing, 1988, p. 1003.

[10] MACLEOD H. A., *Thin Film Optical Filters*, Bristol, England, Adam Hilger, 1986.

[11] AZZAM R. M. A., BASHARA N. M., *Ellipsometry and Polarized Light*, Amsterdam, North Holland, 1977.

[12] ABELÈS F., *Opt. Acta*, 4, 1957, p. 42.

[13] COLLINS R. W., *Handbook of Ellipsometry*, Tompkins, HARLAND G., IRENE EUGENE A. (Eds.), Spinger, 2005, chapitre 2.

[14] SCHUBERT M., RHEINLÄNDER B., WOOLLAM J. A., JOHS B., HERZINGER C., *J. Opt. Soc. Am. A*, 13, 1996, p. 875.

[15] SCHUBERT M., *Handbook of Ellipsometry*, Tompkins, HARLAND G., IRENE EUGENE A. (Eds.), Spinger, 2005, chapitre 9.

[16] ICSE-1, Paris 1993, *Thin Solid Films*, 233-234, 1993, BOCCARA A. C., PICKERING C., RIVORY J. (Eds.).

[17] ICSE-2, Charleston 1997, *Thin Solid Films*, 313-314, 1998, COLLINS R. W., ASPNES D. E., IRENE E. A. (Eds.).

[18] ICSE-3, Vienne (Autriche) 2003, *Thin Solid Films*, 455-456, 2004, FRIED M., HINGERL K., HUMLICEK J. (Eds.).

Annexe

Cette annexe utilise la présentation et les notations de la référence 5.

1. Représentation des états de polarisation

1.1. Utilisation de quantités réelles

On considère une onde plane monochromatique se propageant suivant Oz dont les composantes du champ électrique sont données par :

$$E_x = X\cos(-\omega t + \delta_x), \quad E_y = Y\cos(-\omega t + \delta_y) \qquad (A.\ 1)$$

En éliminant le temps, on obtient l'équation de l'ellipse décrite par l'extrémité du champ électrique (fig. A1) :

$$Y^2E_x^2 + X^2E_y^2 - 2XYE_xE_y\cos(\delta_x - \delta_y) = X^2Y^2\sin^2(\delta_x - \delta_y) \qquad (A.\ 2)$$

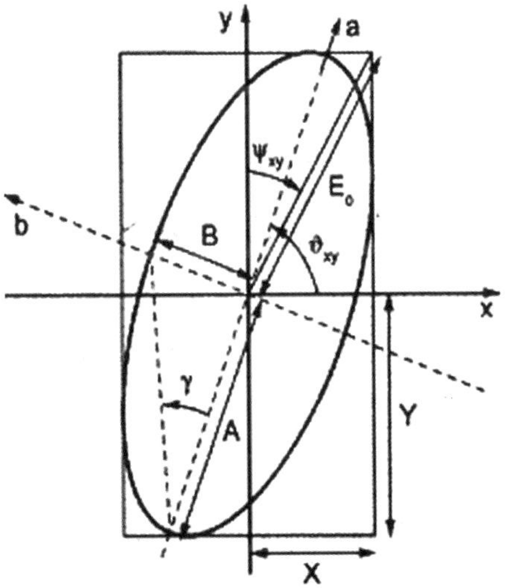

Figure A1. Ellipse de polarisation [5].

1.2. Représentation par les angles ellipsométriques

On choisit dans le repère x, y les angles suivants :

$$\tan\Psi_{xy} = X/Y, \quad \Psi_{xy} \in \langle 0, \pi/2\rangle, \quad \Delta_{xy} = \delta_x - \delta_y, \quad \Delta_{xy} \in \langle -\pi, \pi\rangle. \qquad (A.\ 3)$$

Dans ces conditions, l'équation de l'ellipse s'écrit :

$$\frac{E_x^2}{E_0^2} + \tan^2\Psi_{xy}\frac{E_y^2}{E_0^2} - 2\tan\Psi_{xy}\frac{E_x}{E_0}\frac{E_y}{E_0}\cos\Delta_{xy} = \sin^2\Psi_{xy}\sin^2\Delta_{xy} \qquad (A.\ 4)$$
$$X^2 + Y^2 = E_0^2.$$

On peut également rapporter l'ellipse à ses axes propres. Soient a et b, les axes de coordonnées le long du grand axe de longueur 2A et du petit axe de longueur 2B de l'ellipse avec $0 \leq B \leq A \leq E_0$. L'angle ϑ_{xy} entre les directions positives de x et a est appelé azimut ; il définit l'orientation de l'ellipse, il est compris entre $\langle -\pi/2, \pi/2\rangle$. Dans le repère a, b, les composantes du champ électrique s'écrivent :

$$E_a = E_x\cos\vartheta_{xy} + E_y\sin\vartheta_{xy}, \quad E_b = E_x\sin\vartheta_{xy} + E_y\cos\vartheta_{xy} \qquad (A.\ 5)$$

et l'équation de l'ellipse devient :

$$B^2E_a^2 + A^2E_b^2 = A^2B^2. \qquad (A.\ 6)$$

On complète la description dans a, b par l'angle d'ellipticité γ tel que :

$$\tan\gamma = \pm B/A, \quad \gamma \in \langle -\pi/4, \pi/4\rangle. \qquad (A.\ 7)$$

On peut exprimer les angles ellipsométriques en fonction de ϑ_{xy} et de γ et vice versa. Par exemple :

$$\tan 2\vartheta_{xy} = \tan 2\Psi_{xy}\cos\Delta_{xy}, \quad \sin 2\gamma = \sin 2\Psi_{xy}\sin\Delta_{xy} \qquad (A.\ 8)$$

$$\cos 2\Psi_{xy} = -\cos\gamma\cos 2\vartheta_{xy}, \quad \tan\Delta_{xy} = \frac{\tan 2\gamma}{\sin 2\vartheta_{xy}}. \qquad (A.\ 9)$$

Cas particuliers : polarisation linéaire et polarisation circulaire

Pour une polarisation linéaire, la longueur du petit axe est $B = 0$, l'ellipse se réduit à un segment de droite de longueur $A = 2E_0$. Les différents états de polarisation linéaires se différencient par leur azimut ϑ_{xy} dans un système de coordonnées donné.

Les deux états de polarisation circulaire ont un azimut indéterminé, puisque $A = B = E_0/\sqrt{2}$, les angles ellipsométriques Ψ et Δ sont les mêmes dans tout système de coordonnées : $\Psi = \pi/4, \quad \Delta = \pm\pi/2$.

1.3. Représentation par des nombres complexes

Au lieu d'utiliser deux nombres réels pour caractériser un état de polarisation, on définit un seul nombre complexe en utilisant, par exemple, les angles ellipsométriques Ψ et Δ dans le système x, y :

$$\chi_{xy} = \chi_r + \chi_i = \frac{Y\exp(-i\delta_y)}{X\exp(-i\delta_x)} = \frac{1}{\tan\Psi_{xy}}\exp(i\Delta_{xy}). \qquad (A.\ 10)$$

Si on utilise les angles ϑ_{xy} et γ, on obtient :

$$\chi_{xy} = \frac{\tan\vartheta_{xy} + i\tan\gamma}{1 - i\tan\vartheta_{xy}\tan\gamma}. \tag{A. 11}$$

2. Propagation de la lumière polarisée

Pour un état elliptique pur, nous allons utiliser les vecteurs de Jones et les opérations linéaires entre eux qui sont les matrices de Jones. Dans le cas de la lumière partiellement polarisée, il sera préférable d'utiliser les vecteurs de Stokes et les matrices de Mueller.

2.1. Vecteurs de Jones

On peut définir l'état de polarisation elliptique sous la forme d'un vecteur colonne :

$$\begin{bmatrix} E_x \\ E_y \end{bmatrix} = \begin{bmatrix} X\exp(i\delta_x) \\ Y\exp(i\delta_y) \end{bmatrix}. \tag{A. 12}$$

Ce vecteur multiplié par le terme $\exp(-i\omega t)$ représente une onde plane monochromatique se déplaçant suivant l'axe z avec des composantes X et Y suivant x et y. L'intensité de l'onde est :

$$I = X^2 + Y^2 = E_x E_x^* + E_y E_y^*. \tag{A. 13}$$

Comme on ne s'intéresse pas aux intensités absolues, on normalise en général les vecteurs de Jones. En utilisant les angles de l'équation (A. 3), on peut définir deux vecteurs de Jones normalisés équivalents pour un état de polarisation elliptique général :

$$\begin{bmatrix} \sin\Psi_{xy}\exp(i\Delta_{xy}) \\ \cos\Psi_{xy} \end{bmatrix}, \quad \begin{bmatrix} \sin\Psi_{xy} \\ \cos\Psi_{xy}\exp(-i\Delta_{xy}) \end{bmatrix}. \tag{A. 14}$$

Par exemple, les deux états de polarisation linéaires orthogonaux suivant x et y sont représentés par :

$$\begin{bmatrix} 1 \\ 0 \end{bmatrix}, \quad \begin{bmatrix} 0 \\ 1 \end{bmatrix}. \tag{A. 15}$$

Les états de polarisation linéaires orthogonaux, dont le premier fait l'angle α avec l'axe x, sont représentés par :

$$\begin{bmatrix} \cos\alpha \\ \sin\alpha \end{bmatrix}, \quad \begin{bmatrix} -\sin\alpha \\ \cos\alpha \end{bmatrix}. \tag{A. 16}$$

Les états de polarisation circulaires orthogonaux (droit et gauche) sont représentés par :

$$\frac{1}{\sqrt{2}}\begin{bmatrix}1\\ i\end{bmatrix}, \quad \frac{1}{\sqrt{2}}\begin{bmatrix}i\\ 1\end{bmatrix}. \tag{A. 17}$$

Finalement les deux vecteurs de Jones normalisés :

$$\frac{1}{\sqrt{1+|\chi|^2}}\begin{bmatrix}1\\ \chi\end{bmatrix}, \quad \frac{1}{\sqrt{1+|\chi|^2}}\begin{bmatrix}-\chi^*\\ 1\end{bmatrix} \tag{A. 18}$$

représentent deux polarisations elliptiques orthogonales pour tout nombre complexe χ.

2.2. Matrices de Jones

Quand la lumière traverse ou est réfléchie par un élément optique polarisant, son état de polarisation change. On suppose que les changements sont linéaires, ainsi les nouvelles composantes E'_ξ et E'_η se déduisent de E_x et E_y par :

$$\begin{bmatrix}E'_\xi\\ E'_\eta\end{bmatrix} = \begin{pmatrix}J_{11} & J_{12}\\ J_{21} & J_{22}\end{pmatrix}\begin{bmatrix}E_x\\ E_y\end{bmatrix}. \tag{A. 19}$$

Les amplitudes modifiées sont en général exprimées dans un nouveau système de coordonnées ξ et η, la matrice 2×2 est la matrice de Jones. Elle dépend des systèmes de coordonnées particuliers choisis pour indiquer les orientations des faisceaux incident et transformé.

Si la transformation est seulement une rotation du système de coordonnées, les deux vecteurs de Jones sont reliés par :

$$\begin{aligned}\begin{bmatrix}E_\xi\\ E_\eta\end{bmatrix} &= \hat{R}(\alpha)\begin{bmatrix}E_x\\ E_y\end{bmatrix} = \begin{pmatrix}\cos\alpha & \sin\alpha\\ -\sin\alpha & \cos\alpha\end{pmatrix}\begin{bmatrix}E_x\\ E_y\end{bmatrix}\\ \begin{bmatrix}E_x\\ E_y\end{bmatrix} &= \hat{R}(-\alpha)\begin{bmatrix}E_\xi\\ E_\eta\end{bmatrix} = \begin{pmatrix}\cos\alpha & -\sin\alpha\\ \sin\alpha & \cos\alpha\end{pmatrix}\begin{bmatrix}E_\xi\\ E_\eta\end{bmatrix}\end{aligned}. \tag{A. 20}$$

Polariseur linéaire

L'onde transmise est polarisée linéairement dans la direction de l'axe du polariseur ; si cet axe est parallèle à ξ, la matrice de Jones s'écrit :

$$\hat{J}_{P0} = t_P \exp(i\delta_P)\begin{pmatrix}1 & 0\\ 0 & 0\end{pmatrix}. \tag{A. 21}$$

Il n'est pas nécessaire de préciser t_P et δ_P si on s'intéresse seulement à l'état de polarisation.

Si on fait tourner l'axe du polariseur d'un angle α dans le sens inverse des aiguilles d'une montre autour de l'axe z, la matrice de Jones d'un polariseur idéal ($t_P = 1$) s'écrit :

$$\hat{J}_{P\alpha} = \hat{R}(-\alpha)\begin{pmatrix} 1 & 0 \\ 0 & 0 \end{pmatrix}\hat{R}(\alpha) = \begin{pmatrix} \cos^2\alpha & \cos\alpha\sin\alpha \\ \cos\alpha\sin\alpha & \sin^2\alpha \end{pmatrix} \tag{A. 22}$$

en faisant coïncider les deux systèmes de coordonnées ξ, η et x, y.

Réflexion sur une surface plane

Si on suppose que les directions x et ξ sont parallèles au plan d'incidence et y et η sont perpendiculaires au plan d'incidence, la matrice de Jones d'une surface isotrope s'écrit :

$$\hat{J}_S = \begin{pmatrix} r_p & 0 \\ 0 & r_s \end{pmatrix}. \tag{A. 23}$$

2.3. Vecteurs de Stokes

Les paramètres de Stokes sont définis en utilisant un système de coordonnées x, y dans le plan de polarisation. Chacun des paramètres a la dimension d'une intensité et a une interprétation simple en terme de mesure ellipsométrique. Soient I_0 l'intensité totale du faisceau, I_x, I_y, $I_{\pi/4}$, $I_{-\pi/4}$ les intensités qui sortent d'un polariseur linéaire aligné suivant les directions 0, $\pi/2, \pi/4, -\pi/4$ respectivement et I_R, I_L les intensités transmises par un polariseur circulaire droit et gauche. Les quatre paramètres sont regroupés dans un vecteur colonne S, défini par :

$$S = \begin{bmatrix} S_0 \\ S_1 \\ S_2 \\ S_3 \end{bmatrix} = \begin{bmatrix} I_0 \\ I_x - I_y \\ I_{\pi/4} - I_{-\pi/4} \\ I_R - I_L \end{bmatrix}. \tag{A. 24}$$

On remarque que $I_0 = I_x + I_y = I_{\pi/4} + I_{-\pi/4} = I_R + I_L$.

Pour une lumière non-polarisée, le vecteur de Stokes (transposé pour gagner de la place) s'écrit : $S^T_{non\,pol} = [S_0\ 0\ 0\ 0]$. Un faisceau totalement polarisé elliptiquement, caractérisé par les angles ellipsométriques (Ψ, Δ) ou par les angles $(\vartheta,\ \eta)$ a pour vecteur de Stokes :

$$S_\chi = S_0 \begin{bmatrix} 1 \\ -\cos 2\Psi \\ \sin 2\Psi\cos\Delta \\ -\sin 2\Psi\sin\Delta \end{bmatrix} = S_0 \begin{bmatrix} 1 \\ \cos 2\gamma\cos 2\vartheta \\ \cos 2\gamma\sin 2\vartheta \\ \sin 2\gamma \end{bmatrix}. \tag{A. 25}$$

Les vecteurs de Stokes pour une polarisation linéaire ou circulaire s'écrivent :

$$S_{linéaire} = S_0 \begin{bmatrix} 1 \\ \cos 2\vartheta \\ \sin 2\vartheta \\ 0 \end{bmatrix}, \qquad S_{circulaire} = \begin{bmatrix} 1 \\ 0 \\ 0 \\ \pm 1 \end{bmatrix}. \tag{A. 26}$$

Pour une lumière totalement polarisée :

$$S_0^2 = S_1^2 + S_2^2 + S_3^2 \tag{A. 27}$$

ce qui montre que les quatre paramètres ne sont pas indépendants.

Le cas de la lumière partiellement polarisée est plus complexe ; on suppose que chaque photon incident est dans le même état mixte et qu'il a la probabilité x_χ de traverser le polariseur elliptique ou la probabilité $1 - w_\chi$ d'être arrêté par lui. Ainsi, les signaux mesurés sont composés de deux contributions S_χ et S_{-1/χ^*} où $-1/\chi^*$ est l'état orthogonal à χ. Le vecteur de Stokes s'écrira :

$$S_{\chi,partiel} = w_\chi S_\chi + (1 - w_\chi)S_{-1/\chi^*} = S_0(2w_\chi - 1)\begin{bmatrix} 1 \\ \cos 2\gamma \cos 2\vartheta \\ \cos 2\gamma \sin 2\vartheta \\ \sin 2\gamma \end{bmatrix} + S_0 2(1 - w_\chi)\begin{bmatrix} 1 \\ 0 \\ 0 \\ 0 \end{bmatrix} \tag{A. 28}$$

pour $w_\chi \in \langle 1/2,\ 1\rangle$.

Si on prend $w_\chi = 1/2$, on retrouve la lumière non-polarisée.

L'état de polarisation partielle décrit par l'équation A. 28 est défini par trois nombres réels. La quantité qui s'est ajoutée aux deux quantités habituelles est le degré de polarisation qui est défini comme le rapport de l'intensité de la partie polarisée à l'intensité totale :

$$p_\chi = \frac{\sqrt{S_1^2 + S_2^2 + S_3^2}}{S_0} = 2w_\chi - 1. \tag{A. 29}$$

Le degré de polarisation varie de 0 pour $w_\chi = 1/2$ à 1 pour $w_\chi = 1$.

L'équation A. 27 est remplacée par l'inégalité suivante :

$$S_0^2 S_1^2 + S_2^2 + S_3^2. \tag{A. 30}$$

2.4. Matrices de Mueller

Les matrices de Mueller, qui permettent de traiter la propagation de la lumière partiellement polarisée à travers des systèmes optiques, en incluant éventuellement des éléments dépolarisants, transforment les vecteurs de Stokes par des multiplications successives de matrice 4×4.

$$\begin{bmatrix} S_0' \\ S_1' \\ S_2' \\ S_3' \end{bmatrix} = \hat{M}\begin{bmatrix} S_0 \\ S_1 \\ S_2 \\ S_3 \end{bmatrix}. \tag{A. 31}$$

Le processus est le même que pour le formalisme de Jones, un vecteur de Stokes incident sur une série d'éléments polarisants est transformé en un vecteur émergeant par multiplications de matrices :

$$S_{émergeant} = \hat{M}_m ... \hat{M}_2 \hat{M}_1 S_{incident}. \quad \text{(A. 32)}$$

Les matrices de Mueller sont construites à partir des matrices de Jones correspondantes à des états de polarisation purs, complétées par la probabilité de trouver des états mixtes.

Puisque les vecteurs de Stokes sont définis par rapport à un système de coordonnées dans le plan de polarisation, il est utile de connaître des matrices particulières de changement de système de coordonnées. La rotation d'un angle α, dont la matrice de Jones a été définie par l'équation A. 20 a une matrice de Mueller :

$$\hat{R}(\alpha) = \begin{pmatrix} 1 & 0 & 0 & 0 \\ 0 & \cos 2\alpha & \sin 2\alpha & 0 \\ 0 & -\sin 2\alpha & \cos 2\alpha & 0 \\ 0 & 0 & 0 & 1 \end{pmatrix}. \quad \text{(A. 33)}$$

Les matrices de Mueller, pour un polariseur linéaire idéal avec son axe suivant x, suivant y et tourné de α à partir de x s'écrivent :

$$\hat{M}_{Px} = \frac{1}{2}\begin{pmatrix} 1 & 1 & 0 & 0 \\ 1 & 1 & 0 & 0 \\ 0 & 0 & 0 & 0 \\ 0 & 0 & 0 & 0 \end{pmatrix}, \quad \hat{M}_{Py} = \frac{1}{2}\begin{pmatrix} 1 & -1 & 0 & 0 \\ -1 & 1 & 0 & 0 \\ 0 & 0 & 0 & 0 \\ 0 & 0 & 0 & 0 \end{pmatrix},$$
$$\hat{M}_{P\alpha} = \frac{1}{2}\begin{pmatrix} 1 & \cos 2\alpha & \sin 2\alpha & 0 \\ \cos 2\alpha & \cos^2 2\alpha & \sin 2\alpha \cos 2\alpha & 0 \\ \sin 2\alpha & \sin 2\alpha \cos 2\alpha & \sin^2 2\alpha & 0 \\ 0 & 0 & 0 & 0 \end{pmatrix}. \quad \text{(A. 34)}$$

Pour une surface réfléchissante isotrope, on peut écrire la matrice de Mueller dans le système de coordonnées x, y correspondant à la matrice de Jones (équation A. 23) :

$$\hat{M}_{surface} = \frac{|r_x|^2 + |r_y|^2}{2}\begin{pmatrix} 1 & -\cos 2\Psi & 0 & 0 \\ -\cos 2\Psi & 1 & 0 & 0 \\ 0 & 0 & \sin 2\Psi \cos \Delta & \sin 2\Psi \sin \Delta \\ 0 & 0 & -\sin 2\Psi \sin \Delta & \sin 2\Psi \cos \Delta \end{pmatrix}. \quad \text{(A. 35)}$$

Chapitre 2

Ellipsométrie dans l'infrarouge appliquée aux couches minces

Aline Brunet-Bruneau

1. Présentation

L'ellipsométrie est une technique optique basée sur la mesure du changement de l'état de polarisation de la lumière après réflexion sur une surface plane. Cette technique est particulièrement bien adaptée à l'étude des propriétés optiques des couches minces. Lorsqu'une onde plane arrive sur une surface, une partie de celle-ci est absorbée et/ou transmise, l'autre est réfléchie (fig. 1). L'ellipsométrie permet de mesurer le rapport du coefficient de réflexion de l'onde polarisée parallèlement au plan d'incidence r_p sur celui de l'onde polarisée perpendiculairement r_s :

$$\tilde{\rho} = \frac{r_p}{r_s} = \left|\frac{r_p}{r_s}\right| e^{i(\delta r_p - \delta r_s)} = \tan\psi \; e^{i\Delta} \qquad (1)$$

où $\tan\psi = |r_p/r_s|$ est le rapport des modules et $\Delta = \delta r_p - \delta r_s$ la différence de phase introduite entre les deux ondes par la réflexion.

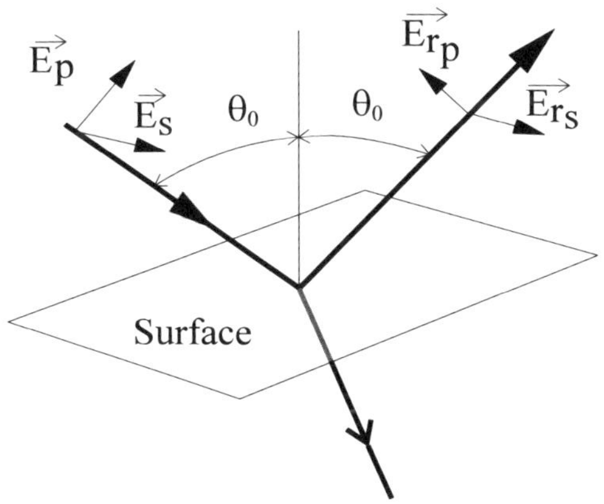

Figure 1. Principe de l'ellipsométrie.

L'ellipsométrie spectroscopique infrarouge présente un grand intérêt dans la mesure où, dans cette gamme spectrale, les matériaux possèdent un comportement très différent de celui que l'on peut observer dans le visible :

- les diélectriques présentent des bandes de vibration moléculaire qui sont des signatures des molécules composant ces couches. Ces bandes de vibration sont modélisées par un ou plusieurs oscillateurs harmoniques dont les amplitudes donnent accès aux concentrations des espèces présentes dans la couche ;
- la plupart des semi-conducteurs sont transparents ;
- les métaux et les semi-conducteurs dopés présentent un accroissement caractéristique du coefficient d'extinction avec la longueur d'onde. Ce comportement peut être modélisé par une loi de Drude à partir de laquelle on déduit entre autres la mobilité et la concentration des porteurs des régions dopées des semi-conducteurs.

L'ellipsométrie infrarouge permet par conséquent une caractérisation tant géométrique (épaisseur) que chimique (composition) des matériaux étudiés.

Dans ce cours seront présentés l'instrumentation, l'exploitation des spectres ellipsométriques infrarouges, et des exemples d'application qui souligneront l'intérêt de ces mesures ellipsométriques dans le domaine infrarouge en particulier dans le cas de couches minces diélectriques poreuses.

2. Instrumentation

Compte tenu de la large gamme spectrale, l'ellipsométrie spectroscopique infrarouge combine nécessairement un spectromètre à transformée de Fourier et un ellipsomètre photométrique. Deux types d'ellipsomètre spectroscopique infrarouge existent aujourd'hui : les ellipsomètres utilisant un modulateur photoélastique et ceux utilisant un analyseur tournant et un polariseur fixe (ou réciproquement). Le premier type d'ellipsomètre, développé par Drévillon [1, 2], présente l'avantage d'effectuer des mesures rapides, ce qui le rend adapté à des mesures en temps réel. Le second type d'ellipsomètre permet quant à lui de minimiser l'influence des imperfections des éléments optiques sur la qualité des mesures ; il conduit donc à une bien meilleure précision de mesure des paramètres ellipsométriques.

Une étude complète sur les techniques de l'ellipsométrie spectroscopique infrarouge a été réalisée par A. Röseler [3]. Nous nous limiterons ici à décrire le montage optique d'un seul type d'ellipsomètre : celui utilisant un polariseur fixe et un analyseur tournant.

2.1. Description du montage optique

L'appareillage d'un ellipsomètre spectroscopique infrarouge requiert des composants adaptés à la bande spectrale mesurée. Les éléments optiques peuvent être agencés différemment [3] ; la figure 2 présente le montage optique d'un ellipsomètre pour lequel l'arrangement des différents éléments optiques est le suivant : source, spectromètre, polariseur, échantillon, analyseur et détecteur.

- *La source* S est un filament SCG (Silicon Carbide Globar) porté à une température de 1500 K appelé Globar.
- *Le spectromètre* doit permettre une détection rapide du signal étant donnée l'étendue de la gamme spectrale d'analyse. En pratique, on utilise un interféromètre de Michelson dont la résolution atteint généralement 2 cm^{-1}. L'échantillon est simultanément éclairé avec toutes les longueurs d'onde du domaine spectral et l'ensemble des rayonnements transmis est détecté à travers un signal complexe appelé interférogramme à partir duquel est calculé le spectre par transformée de Fourier inverse.
- *Les polariseurs* dans l'infrarouge peuvent être soit des polariseurs à grille soit des polariseurs du type angle de Brewster. Les polariseurs à grille ont l'avantage d'être facile à aligner ; ils ont l'inconvénient de présenter un degré de polarisation variant avec le nombre d'onde, mais une procédure corrective pour le calcul des paramètres ellipsométriques est néanmoins possible [3, 4]. Les polariseurs du type angle de Brewster sont difficiles à aligner (précession du faisceau optique), par contre ils ont l'avantage d'avoir un degré de polarisation constant. L'expérience montre qu'il est judicieux de choisir un polariseur fixe du type angle de Brewster et un analyseur tournant à grille.
- *Le détecteur* est une photodiode du type MCT (Mercury Cadmium Telluride), refroidie à l'azote liquide, permettant l'acquisition de spectres de 700 cm^{-1} à 5 000 cm^{-1}.

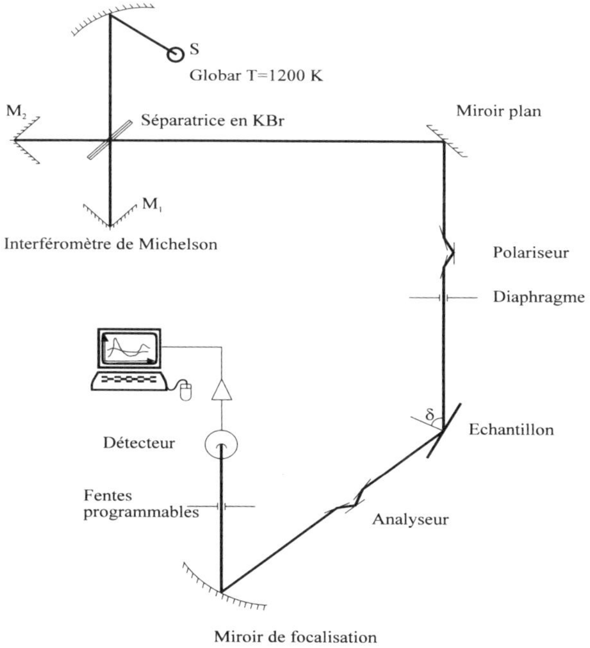

Figure 2. Montage optique d'un ellipsomètre infrarouge.

L'interféromètre de Michelson est formé de deux miroirs plans perpendiculaires dont l'un est fixe et l'autre mobile, et d'une lame semi-réfléchissante appelée séparatrice (fig. 2). La lumière émise par la source S est collimatée par un miroir pour restituer en sortie un faisceau parallèle. La séparatrice (en KBr), inclinée de 45° par rapport à la direction de propagation du faisceau incident, dédouble le faisceau incident en deux faisceaux : l'un est transmis vers le miroir mobile et l'autre est réfléchi vers le miroir fixe. Ils sont d'amplitude égale et leur différence de phase varie avec le déplacement du miroir mobile. Ils peuvent donc interférer à la sortie de l'instrument. Si l'on déplace le miroir mobile d'une distance x, on observe en sortie de l'interféromètre, pour une source monochromatique, une modulation de l'intensité :

$$i(x,\sigma) = 2\,I(\sigma)\ \cos^2(\pi\sigma 2x) \tag{2}$$

où i est l'intensité de la source monochromatique et σ le nombre d'onde émis. Dans notre cas la source émet un spectre continu ce qui impose une intégration de l'équation précédente sur tout le domaine spectral :

$$i(x) = 2\int_{-\infty}^{+\infty} I(\sigma)\ \cos^2(\pi\sigma 2x)\, d\sigma \ = \int_{-\infty}^{+\infty} I(\sigma)\, d\sigma + \int_{-\infty}^{+\infty} I(\sigma)\ \cos(2\pi\sigma L)\, d\sigma \tag{3}$$

où $L = 2x$ est la différence de marche optique entre les deux faisceaux. Seul le second terme, qui contient des informations sur le spectre, va être retenu et on obtient ainsi les équations de base du spectromètre à transformée de Fourier :

$$\begin{cases} i(L) = \int_{-\infty}^{+\infty} I(\sigma)\ \cos(2\pi\sigma L)\, d\sigma \\ I(\sigma) = \int_{-\infty}^{+\infty} i(L)\ \cos(2\pi\sigma L)\, dL. \end{cases} \tag{4}$$

2.2. Détermination des paramètres ellipsométriques tanΨ et cosΔ

Avec un montage optique à analyseur tournant l'ellipsomètre spectroscopique infrarouge à transformée de Fourier donne, pour chaque nombre d'onde σ, l'intensité détectée en fonction de la position α_2 de l'analyseur selon la formule suivante [3] :

$$I(\sigma,\alpha_2) = \frac{1}{2}(\Sigma_0\ +\ \Sigma_1 \cos 2\alpha_2\ +\ \Sigma_2 \sin 2\alpha_2) \tag{5}$$

où $(\Sigma_0,\ \Sigma_1,\ \Sigma_2, \Sigma_3)$ sont les paramètres de Stokes définis par :

$$\begin{cases} \Sigma_1 = -\Sigma_0\ \cos 2\psi \\ \Sigma_2 = \Sigma_0\ \sin 2\psi'\ \cos\Delta \\ \Sigma_3 = \Sigma_0\ \sin 2\psi'\ \sin\Delta \end{cases} \tag{6}$$

et

$$\tan\psi' = \tan\psi / \tan\alpha_1. \tag{7}$$

Trois mesures d'intensité I_1, I_2 et I_3 correspondant respectivement aux positions de l'analyseur $\alpha_2 = 0^o$, 45° et 90° sont nécessaires pour déterminer les paramètres ellipsométriques et ce quel que soit le choix de l'angle du polariseur α_1 :

$$\begin{cases} I_1 = I(\sigma, 0°) = \frac{1}{2}\ (\Sigma_0\ +\ \Sigma_1) \\ I_2 = I(\sigma, 45°) = \frac{1}{2}\ (\Sigma_0\ +\ \Sigma_2) \\ I_3 = I(\sigma, 90°) = \frac{1}{2}\ (\Sigma_0\ -\ \Sigma_1). \end{cases} \tag{8}$$

En combinant les équations 6 et 8, on en déduit l'expression des paramètres ellipsométriques en fonction des intensités mesurées :

$$\begin{cases} \cos 2\psi' = \frac{I_3 - I_1}{I_3 + I_1} \\ \sin 2\psi'\ \cos\Delta = \frac{2I_2}{I_3 + I_1}\ -\ 1. \end{cases} \tag{9}$$

Comme nous venons de le souligner, trois positions de l'analyseur sont seulement nécessaires pour obtenir les paramètres ellipsométriques $\tan\psi$ et $\cos\Delta$. L'ellipsomètre peut cependant effectuer une quatrième mesure I_4 à un angle d'analyseur $\alpha_2 = 135^o$:

$$I_4 = I(\sigma, 135°) = \frac{1}{2}\ (\Sigma_0\ -\ \Sigma_2). \tag{10}$$

En combinant les équations 6, 8 et 10 on en déduit l'expression des paramètres ellipsométriques en fonction des 4 intensités :

$$\begin{cases} \cos 2\psi' = \dfrac{2\ (I_3 - I_1)}{I_1 + I_2 + I_3 + I_4} \\ \sin 2\psi'\ \cos\Delta = \dfrac{2\ (I_2 - I_4)}{I_1 + I_2 + I_3 + I_4}. \end{cases} \tag{11}$$

3. Exploitation des spectres ellipsométriques dans l'infrarouge

3.1. Modes de vibration – Concept des oscillateurs

3.1.1 Modes de vibration

L'ellipsométrie dans l'infrarouge est dominée par des bandes d'absorption dues aux vibrations moléculaires provoquées par l'interaction des phonons optiques avec les photons d'une onde électromagnétique.

Les groupes moléculaires ou les réseaux d'atomes possèdent un certain nombre de modes de vibration caractéristiques qui sont déterminés par leur structure, c'est-à-dire les masses des atomes constituants, les forces interatomiques et la géométrie des arrangements. Les vibrations modifient le moment électrique dipolaire ce qui entraîne l'absorption d'ondes électromagnétiques dans la région de 100 à 10^4 cm^{-1}, soit de 1 à 100 μm.

En principe, dans un matériau amorphe, où les règles de sélection sont relaxées par le désordre, tous les modes de vibration du réseau doivent contribuer à la réponse infrarouge. On s'attend donc à ce que les spectres reflètent l'ensemble de la densité d'états de phonons, ce qui est illustré par la figure 3 [5] qui montre une comparaison des spectres de la densité d'états des phonons et de la partie imaginaire de la fonction diélectrique de la silice fondue. La densité d'états de vibration sera fortement modifiée par les éléments spécifiques du désordre.

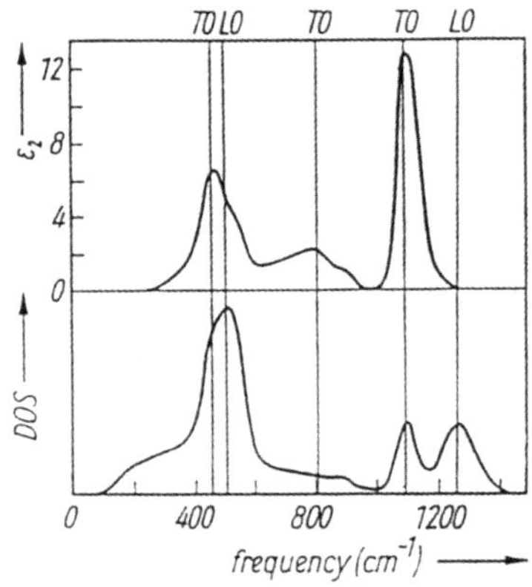

Figure 3. Partie imaginaire ε_2 de la fonction diélectrique et densité d'état DOS calculée pour une silice (figure extraite de la référence 5).

Les différents modes de vibration d'une liaison X-Y-Z, sont présentés sur la figure 4. Le mode d'*élongation* (ou *stretching*) correspond à un mouvement de l'atome Y parallèle à la direction X-Z et donc à une variation de la longueur de la liaison. Le mode de *torsion* (ou *bending*) correspond à un mouvement de l'atome Y suivant la bissectrice du segment X-Z et donc à une variation de l'angle. Le mode de *rotation* (ou *rocking*) correspond à un mouvement de rotation de l'atome Y autour de l'axe passant par les deux atomes X et Z, sans variation de l'angle.

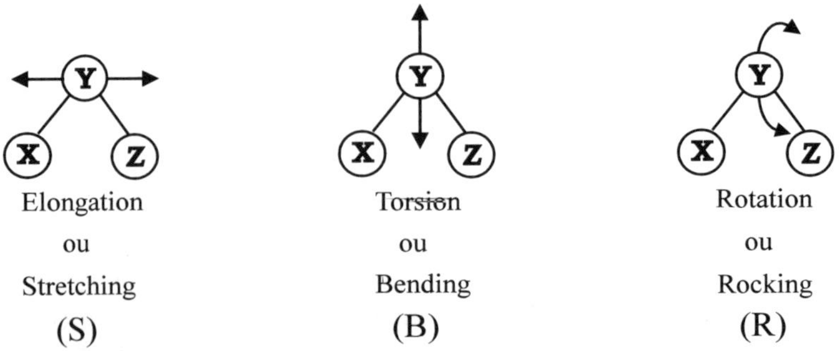

Figure 4. Les 3 modes de vibration d'une liaison X-Y-Z.

3.1.2 Modèle de l'oscillateur

Le comportement optique d'un matériau dépend de son indice complexe $\tilde{n}$ ou de sa fonction diélectrique ε. Il existe entre ces deux grandeurs la relation suivante :

$$\tilde{n} = \sqrt{\varepsilon} \quad \text{ou} \quad \varepsilon = \varepsilon_1 + i\varepsilon_2 = \left(n^2 - k^2\right) + i(2nk). \tag{12}$$

La fonction diélectrique ε dans l'infrarouge est obtenue à partir de l'équation de la polarisation ionique [6], en tenant compte de la polarisation optique électronique $\varepsilon(\infty)$ et en introduisant un terme d'amortissement γ (largeur de raie). Elle est ainsi décrite par le modèle de l'oscillateur de Lorentz [3]. On obtient l'expression suivante :

$$\varepsilon\left(\omega\right) = \varepsilon_1 + i\varepsilon_2 = \varepsilon\left(\infty\right) + \frac{Ne*^2}{\mu\varepsilon_0}\frac{1}{\omega_T^2 - \omega^2 - i\gamma\omega} \tag{13}$$

où N est le nombre de paires d'ions par unité de volume de charge effective transverse e* et de masse réduite μ, et ω_T la fréquence du phonon TO excité. Réécrivons l'équation 13 en fonction du nombre d'onde et non plus en fonction de la pulsation. Nous continuerons cependant à utiliser la notation ω pour représenter le nombre d'onde. On obtient la partie réelle ε_1 et la partie imaginaire ε_2 de la fonction diélectrique :

$$\varepsilon_1 = \varepsilon\left(\infty\right) + \frac{F\left(\omega_T^2 - \omega^2\right)}{\left(\omega_T^2 - \omega^2\right)^2 + \left(\Gamma\,\omega\right)^2} \tag{14}$$

$$\varepsilon_2 = \frac{F\left(\Gamma\,\omega\right)}{\left(\omega_T^2 - \omega^2\right)^2 + \left(\Gamma\,\omega\right)^2} \tag{15}$$

où F est la force de l'oscillateur (en cm^{-2}), Γ la largeur (en cm^{-1}) et ω_T la fréquence de vibration du phonon TO (en cm^{-1}).

Il est intéressant de noter que la force F de l'oscillateur de Lorentz est proportionnelle au nombre N d'oscillateurs par unité de volume et donc à la densité du matériau :

$$F = \frac{N\,e*^2}{\left(2\,\pi\,c\right)^2\mu\varepsilon_0} \tag{16}$$

avec c la célérité de la lumière dans le vide ($c = 3 \times 10^8\ ms^{-1}$). F peut être obtenu par la règle de somme suivante :

$$F = \frac{2}{\pi}\int_0^\infty \omega\,\varepsilon_2(\omega)\,d\omega. \tag{17}$$

Pour obtenir la fonction diélectrique statique $\varepsilon(0)$, appelée aussi constante diélectrique, on pose $\omega = 0$ dans l'égalité 14 :

$$\varepsilon\left(0\right) = \varepsilon\left(\infty\right) + \frac{F}{\omega_T^2}. \tag{18}$$

La largeur Γ étant généralement faible devant la fréquence ω_T, la fréquence ω_T correspond donc à la fréquence pour laquelle ε_2 est maximal. La fréquence de vibration ω_{LO} du phonon LO est définie par l'annulation de la partie réelle ε_1 de la fonction diélectrique avec une valeur de la partie imaginaire faible. Quand $\Gamma = 0$ elle est reliée à la fréquence ω_T du phonon TO par la relation de Lyddane-Sachs-Teller (LST) :

$$\omega_L = \sqrt{\frac{\varepsilon(0)}{\varepsilon(\infty)}}\,\omega_T. \tag{19}$$

La modélisation de la fonction diélectrique par un oscillateur de Lorentz (équation 13), largement utilisée pour des matériaux de nature très diverse, n'est en fait adaptée qu'aux matériaux cristallins ou à ceux dont la structure présente une symétrie importante. Dans le cas de matériaux amorphes, pour tenir compte du désordre, la convolution de la lorentzienne par une gaussienne permet de mieux rendre compte de la dispersion de la fonction diélectrique dans la bande d'absorption [7] :

$$\varepsilon(\omega) = \varepsilon(\infty) + \sum_j \frac{1}{\sqrt{2\pi\delta_j}} \int_{-\infty}^{+\infty} \frac{F_j}{x^2 - \omega^2 - i\omega\Gamma_j} \exp\left(-\frac{(x-\omega_{Tj})^2}{2\,\delta_j^2}\right) dx \tag{20}$$

où δ_j est la largeur de la gaussienne.

3.1.3 Oscillateurs faibles et forts

Deux types d'oscillateurs, présentant des propriétés de dispersion différentes, peuvent être distingués. Il s'agit des oscillateurs dits « forts » et ceux dits « faibles ».

Un oscillateur « fort » est caractérisé dans la région d'absorption par des valeurs élevées des parties imaginaires ε_2 et k et par une forte variation des parties réelles ε_1 et n. La figure 5 présentent les parties réelle et imaginaire de la fonction diélectrique et celles de l'indice complexe d'un oscillateur fort dont les caractéristiques (fréquence ω_T, force F, largeur Γ) sont rassemblées dans le tableau 1.

Tableau 1. Caractéristiques de l'oscillateur « fort » de la figure 5 et de l'oscillateur « faible » de la figure 6.

Oscillateur	ω_T (cm^{-1})	F (10^4 cm^{-2})	Γ (cm^{-1})	$\varepsilon(\infty)$
« fort »	1 075	80	70	2,1
« faible »	1 075	1	70	2,1

Ces valeurs sont proches de celles de l'oscillateur de Lorentz modélisant la bande de vibration de type élongation de la silice fondue. On constate sur la figure 5 qu'il existe, pour un oscillateur « fort », un décalage important entre la position du maximum de ε_2 (1 075 cm^{-1}) et celle du maximum de k (vers 1 100 cm^{-1}). Pour connaître la fréquence ω_T, le spectre de k ne sera donc pas suffisant, il faudra disposer aussi de celui de n afin d'en déduire celui de ε_2. D'autres signatures des oscillateurs « forts » apparaissent sur la figure 5. Le spectre de k est asymétrique alors que celui de ε_2 est symétrique autour de ω_T. L'indice de réfraction n présente des valeurs inférieures à 1. La partie réelle ε_1 prend des valeurs négatives entre 1 080 cm^{-1} et 1 230 cm^{-1} (fréquence de vibration LO), ce qui entraîne un domaine spectral de forte réflexion.

Un oscillateur « faible » sera caractérisé par une faible variation de l'indice de réfraction n dont la valeur reste supérieure à 1 dans la bande d'absorption. La figure 6 présentent les parties réelle et imaginaire de la fonction diélectrique et celles de l'indice complexe d'un oscillateur faible dont les caractéristiques sont rassemblées dans le tableau 1. Dans ce cas les positions du maximum de ε_2 et de celui de k sont très voisines. Pour connaître la fréquence de vibration ω_T le spectre de k sera suffisant.

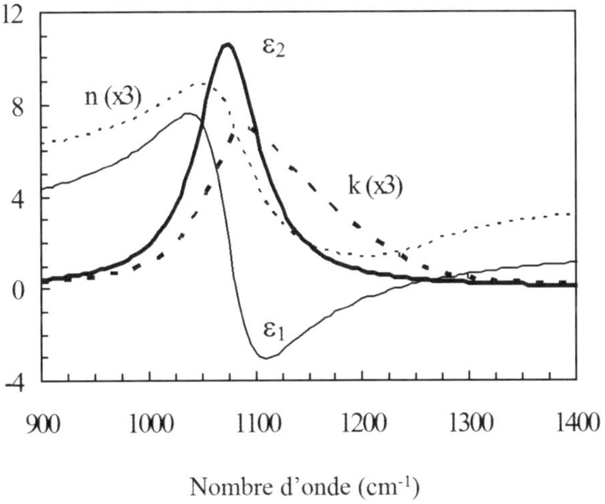

Figure 5. Indice de réfraction n, coefficient d'extinction k, partie réelle ε_1 et partie imaginaire ε_2 de la fonction diélectrique d'un oscillateur fort.

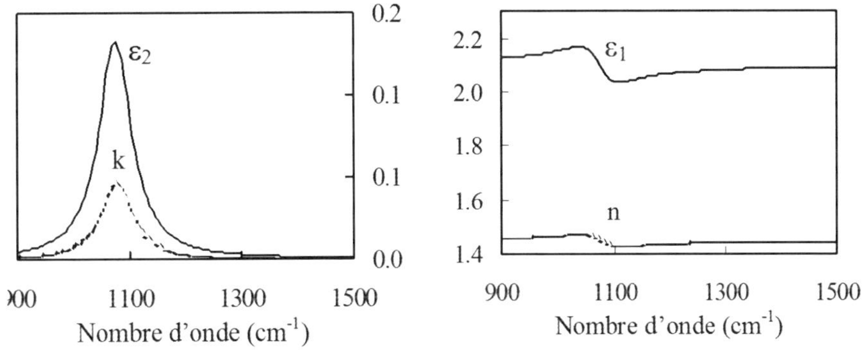

Figure 6. Indice de réfraction n, coefficient d'extinction k, partie réelle ε_1 et partie imaginaire ε_2 de la fonction diélectrique d'un oscillateur faible.

3.2. Inversion des mesures ellipsométriques

Le calcul de la fonction diélectrique complexe ε ou de l'indice complexe $\tilde{n}$ à partir des paramètres ellipsométriques n'est pas direct, excepté dans le cas d'un substrat isotrope. Dans tous les autres cas une procédure de calcul par itération doit être appliquée.

3.2.1 Cas du matériau massif

Dans le cas d'un échantillon massif, on calcule directement, nombre d'onde par nombre d'onde, la fonction diélectrique ε de l'échantillon à partir des paramètres ellipsométriques [8] :

$$\varepsilon = \varepsilon_0 \sin^2\theta_0 \left[1 + \left(\frac{1-\tilde{\rho}}{1+\tilde{\rho}}\right)^2 \tan^2\theta_0\right] \tag{21}$$

avec θ_0 l'angle d'incidence dans le milieu d'entrée, ε_0 la fonction diélectrique du milieu d'entrée (généralement, la mesure s'effectue à l'air, ce qui implique que $\varepsilon_0 = 1$) et $\tilde{\rho}$ le rapport des coefficients de réflexion (rapport défini par l'équation 1).

3.2.2 Cas du matériau déposé en couche mince sur un substrat

Deux méthodes sont couramment utilisées pour calculer la fonction diélectrique d'une couche mince à partir des paramètres ellipsométriques : soit on effectue un calcul point par point (longueur d'onde par longueur d'onde), soit on effectue une régression en utilisant une loi de dispersion. Dans le domaine spectral infrarouge, seule la première méthode est envisageable.

Contrairement au cas d'un échantillon massif (équation 21), les équations ellipsométriques sont trop complexes pour permettre une inversion analytique : il faut donc procéder par itération. Il existe différents algorithmes (Newton-Raphson [9], Reinberg [10]...), mais quel que soit l'algorithme utilisé, la procédure est toujours la même. Si le matériau étudié est transparent dans une partie du spectre, le coefficient d'extinction k y étant nul, on calcule par itération, nombre d'onde par nombre d'onde, l'indice de réfraction n et l'épaisseur d dans cette partie du spectre. Puis, connaissant l'épaisseur d, on calcule par itération, nombre d'onde par nombre d'onde, l'indice de réfraction n et le coefficient d'extinction k dans tout le spectre.

3.3. Choix du substrat

3.3.1 Différents types de substrats

On distingue trois sortes de substrats.

La première catégorie contient les substrats diélectriques comme le verre et la silice. Ils présentent deux inconvénients majeurs. D'une part ils sont transparents sur une partie du spectre et donc, s'ils sont à faces parallèles, des réflexions « parasites » sur la face arrière du substrat seront gênantes. D'autre part ils sont absorbants sur l'autre partie du spectre (vers 1 000 cm^{-1}) et leurs bandes d'absorption vont se superposer à celles du matériau déposé en couche mince.

La seconde catégorie contient les substrats métalliques et donc très réfléchissants dasn l'infrarouge comme l'argent, l'aluminium, l'or. Comme leurs facteurs de réflexion R_p et R_s sont très proches de 100%, la détermination de leur indice complexe par ellipsométrie (ou par photométrie) est donc difficile et peu précise. La méconnaissance de l'indice complexe de ce type de substrat entraînera nécessairement une difficulté supplémentaire pour déterminer l'indice complexe de la couche mince déposée à sa surface.

La troisième catégorie contient les substrats semi-conducteurs comme le germanium et le silicium qui sont transparents sur tout le domaine spectral d'étude. Leur indice de réfraction est quasiment constant sur tout le spectre : il vaut 4 pour le germanium et 3,42 pour le silicium. À moins d'avoir subi une préparation particulière ces substrats sont généralement minces et à faces parallèles. Il y aura donc, sur le domaine spectral où la couche mince est elle aussi transparente, une forte contribution de la lumière réfléchie par la face arrière du substrat. On peut résoudre ce problème en donnant au substrat transparent une forme prismatique, mais elle doit être décidée avant le dépôt de la couche mince et doit être compatible avec le porte-échantillon de la chambre de dépôt, ce qui n'est pas toujours possible. Dans le cas de couches minces déposées sur des wafers de Si à faces parallèles, le problème lié aux réflexions « parasites » peut être résolu en dépolissant la face arrière du substrat.

Seules les deux dernières catégories de substrats peuvent convenir à l'étude infrarouge d'une couche mince diélectrique. Elles sont en effet couramment utilisées dans l'infrarouge, le support semi-conducteur transparent étant choisi pour des mesures de transmission en incidence normale et le support métallique réfléchissant étant retenu pour des mesures de réflexion en incidence normale ou en incidence oblique (R_P et R_S). Pour l'ellipsométrie infrarouge le choix entre ces deux types de substrat se pose naturellement.

3.3.2 Influence du substrat sur les spectres ellipsométriques

Suivant la nature du substrat mais aussi l'angle d'incidence et l'épaisseur de la couche, les spectres ellipsométriques, ou plus simplement les spectres de réflexion R_P et R_S, n'auront pas les mêmes caractéristiques. Une étude complète a été présentée à ce sujet par Röseler [3]. Nous ne rappelons ci-dessous que les résultats généraux concernant une couche mince dont la fonction diélectrique est modélisée par un oscillateur « fort ». Les figures 7 présentent les spectres de réflexion R_p et R_s de cette couche mince, plutôt que ceux de $\tan\psi$ et $\cos\Delta$, car leur lecture est plus aisée.

Dans le cas où cette couche mince est déposé sur un substrat transparent, les spectres de réflexion R_p et R_s présentent toujours des extrema à des fréquences proches (mais différentes) de celles des deux modes LO et TO de l'oscillateur fort (fig. 7a). Une onde électromagnétique ne peut se coupler qu'à un phonon transverse optique. La présence d'un extremum proche du mode LO ne provient donc pas de l'excitation d'un phonon LO mais est due à l'effet Berreman [11] qui est un effet purement optique. Il existe en effet « une épaisseur dite de Berreman » pour laquelle cet effet optique est optimal [12]. Dans tous les cas, quel que soit l'angle d'incidence et l'épaisseur, le mode TO est observé.

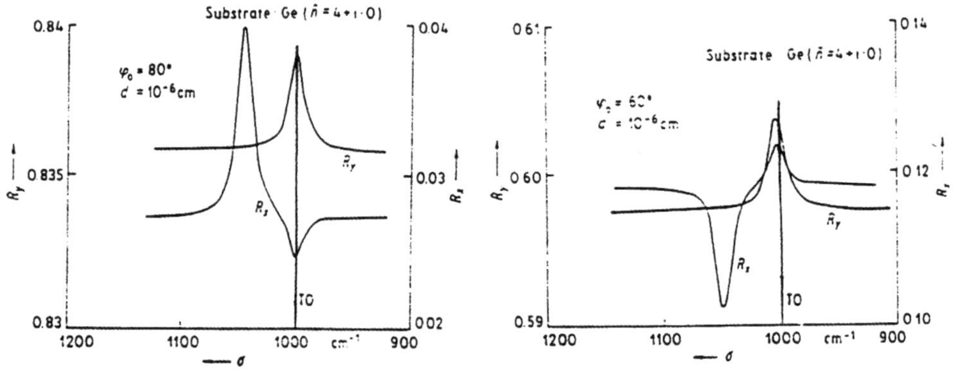

Figure 7a. Spectres de réflexion R_p (« R_x ») et R_s (« R_y ») calculés à un angle d'incidence de 80 et 60° d'une couche mince dont la fonction diélectrique est modélisée par un oscillateur « fort », d'une épaisseur de 10 nm sur un substrat transparent de germanium (figures extraites de la référence bibliographique 3).

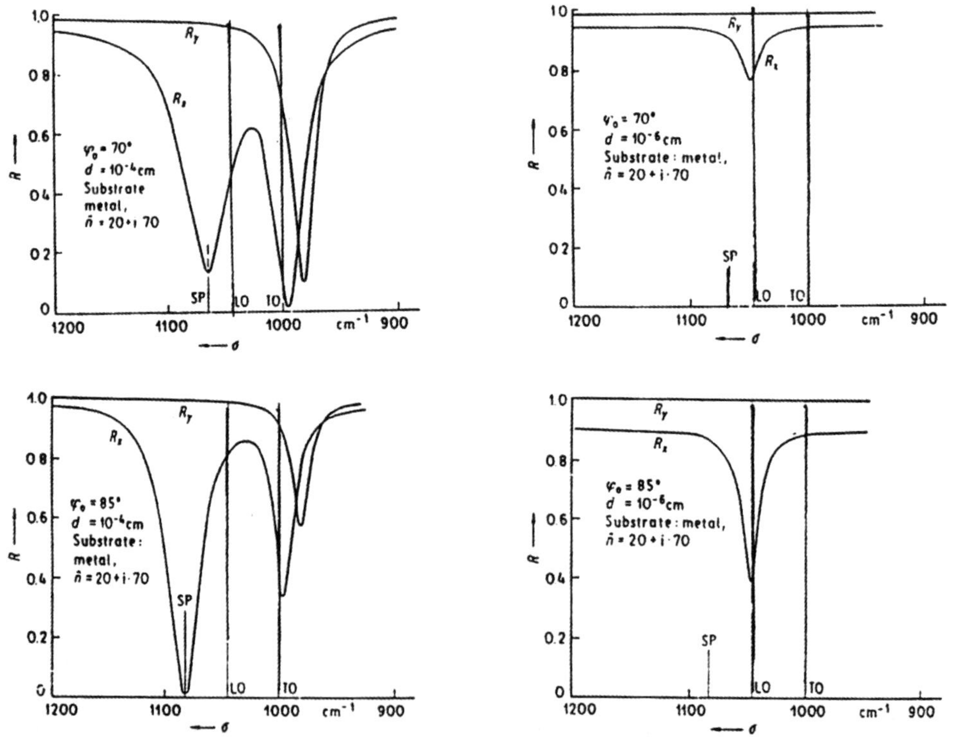

Figure 7b. Spectres de réflexion R_p (« R_x ») et R_s (« R_y ») calculés à un angle d'incidence de 85 et 70° d'une couche mince dont la fonction diélectrique est modélisée par un oscillateur « fort », d'une épaisseur de 1 μm et 0,01 μm sur un substrat métallique réfléchissant (figures extraites de la référence bibliographique 3).

Dans le cas d'un substrat métallique, suivant l'épaisseur de la couche, il est possible de ne pas observer le mode TO (fig. 7b) ; en effet, on n'observe qu'un seul extremum proche du mode LO (effet Berreman uniquement) pour une couche d'épaisseur 0,01 μm. Dans le cas d'une couche plus épaisse, voisine de 1 μm, on observe deux extrema : celui proche du mode TO et un autre à la fréquence où l'indice de réfraction n de la couche vérifie :

$$n \approx \sin \theta_0 \quad (22)$$

avec θ_0 l'angle d'incidence. Cet extremum ne correspond pas à une absorption dans la couche mais à la propagation d'un polariton de surface « SP » à l'interface film-substrat. Ce polariton ne se propage que dans le cas d'un support métallique car la partie réelle de la fonction diélectrique ε_S du substrat doit vérifier l'inégalité suivante [3] :

$$\varepsilon_s \leq -\varepsilon_1 \quad (23)$$

avec ε_1 la partie réelle de la fonction diélectrique de la couche mince à la fréquence où $n \approx \sin \theta_0$. À cette fréquence ε_1 est généralement positif. Si le support est transparent, sa partie imaginaire est nulle et sa partie réelle ε_S est nécessairement positive et ne peut donc vérifier l'inégalité 23.

Par conséquent, dans le cas où l'on étudie des modes de vibration directement sur des spectres de réflexion R_P et R_S (ou bien sur des spectres de transmission, ou même sur des spectres ellipsométriques), leurs positions en fréquence dépendent nécessairement de l'épaisseur de la couche mince et du type de substrat. En revanche, dans le cas de l'étude ellipsométrique, il est possible d'inverser d'abord les mesures ellipsométriques, d'étudier ensuite les modes de vibration sur les spectres de la fonction diélectrique et d'obtenir finalement des valeurs « réelles » des fréquences de vibration qui sont indépendantes de l'épaisseur de la couche et du type de substrat.

4. Exemples d'application

Comme nous l'avons dit précédemment, l'ellipsométrie spectroscopique infrarouge permet d'aller au-delà de la métrologie optique pure, en ce sens que cette technique est sensible aux modes de vibration des liaisons interatomiques et donc à la chimie et à la cristallinité des matériaux étudiés. Outre les domaines d'application de l'ellipsométrie spectroscopique standard, elle permet la résolution de problématiques variées :

- caractérisation possible des échantillons d'épaisseur supérieure à celles mesurées dans le spectre visible compte tenu des longueurs d'onde utilisées. On peut estimer caractériser des couches de l'ordre de 50 à 100 *m dans le domaine infrarouge ;
- caractérisation du comportement des porteurs libres dans le silicium dopé ;
- épaisseur et caractéristiques électriques (conductivité, résistivité, résistance carrée) des couches conductrices ;
- épaisseur et composition des couches diélectriques ;
- épaisseur, concentration et mobilité des porteurs dans des couches de silicium polycristallin ;

- épaisseur des guides d'onde ;
- concentration et épaisseur des couches de matériaux à faible k constante diélectrique, porosité ;
- teneur en hydrogène et en eau (mesure des pics Si-H et Si-OH) ;
- etc.

Afin d'illustrer l'intérêt de l'ellipsométrie spectroscopique infrarouge, deux exemples vont être présentés. Dans les deux cas, il s'agira d'identifier les modifications microstructurales responsables de l'augmentation d'indices de réfraction de couches minces de silice poreuse lorsqu'elles sont placées à l'air. Pour cela, nous rappellerons dans un premier temps un modèle de microstructure [13-15] qui relie les fréquences d'élongation TO (Transverse Optique) et LO (Longitudinal Optique) du réseau de silice aux paramètres microstructuraux du matériau. À l'aide de ce modèle, nous analyserons ensuite l'évolution à l'air des spectres de la fonction diélectrique infrarouge de ces couches minces.

4.1. Modèle de microstructure

L'étude du mode d'élongation d'un réseau de silice, situé vers 1 100 cm^{-1}, permet d'obtenir des informations qualitatives sur sa microstructure. Nous ne détaillerons pas ici l'ensemble des travaux concernant ce modèle de microstructure [13-15] mais nous rappelons seulement les principaux résultats.

Dans les cas qui nous intéressent, les couches minces de silice sont stœchiométriques et amorphes. Ce modèle utilise la microstructure amorphe de la silice fondue comme microstructure de référence. Son indice de réfraction dans le visible est égale à 1,458 (à la longueur d'onde de 600 nm), elle ne présente aucune porosité, les fréquences TO et LO du mode d'élongation sont connues ($\omega_{TO} =$ 1 075 cm^{-1} et $\omega_{LO} =$ 1 245 cm^{-1}) et sa densité est de 2,2 g/cm^3. En ce qui concerne la couche mince de silice poreuse, sa microstructure est modélisée par un mélange à 2 composants : un squelette de silice de fonction diélectrique ε_{sk} et un réseau de pores (avec une fraction volumique f_{pores} et une fonction diélectrique ε_{pores} variant avec le type de remplissage). La fonction diélectrique ε de la couche mince poreuse se calcule en utilisant la loi de milieu effectif de Bruggeman [16] :

$$f_{sk}\frac{\varepsilon_{sk}-\varepsilon}{\varepsilon_{sk}+2\varepsilon}+f_{pores}\frac{\varepsilon_{pores}-\varepsilon}{\varepsilon_{pores}+2\varepsilon}=0. \qquad (24)$$

Ce modèle permet le calcul du déplacement des fréquences TO et LO du mode d'élongation par rapport aux fréquences de référence ($\omega_{TO} =$ 1 075 cm^{-1} et $\omega_{LO} =$ 1 245 cm^{-1}) en fonction des modifications microstructurales suivantes : variation de la densité du squelette de silice, variation de la fraction volumique de pores et type de remplissage des pores.

La fréquence transverse optique du mode d'élongation (ω_{TO}) varie essentiellement avec la densité du squelette de silice ρ_{sk} et donc avec l'indice de réfraction n_{sk} de ce squelette (fig. 8). La fréquence ω_{TO} n'est pas sensible à la porosité tant que celle-ci reste inférieure à 30% (fig. 9a). Au-delà de 30%, une légère augmentation de ω_{TO} a lieu parallèlement à celle de la porosité (fig. 9b) : +9 cm^{-1} pour une porosité de 55%.

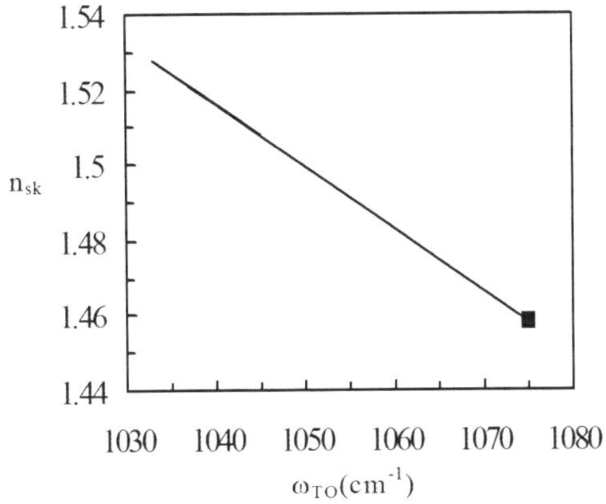

Figure 8. Variation de l'indice de réfraction n_{sk} du squelette en fonction de la fréquence Transverse Optique ω_{TO} du mode d'élongation de la couche mince.

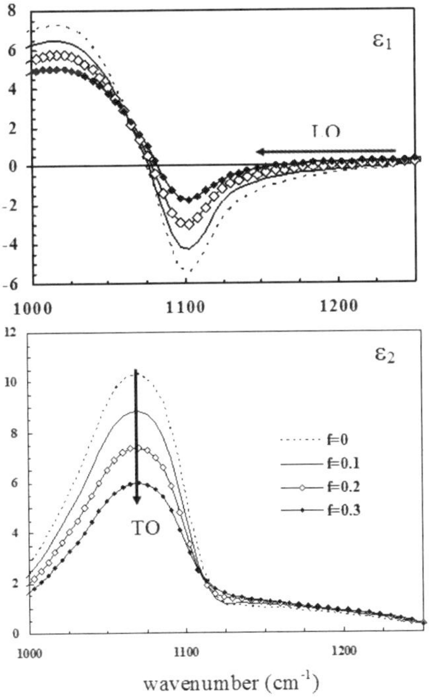

Figure 9a

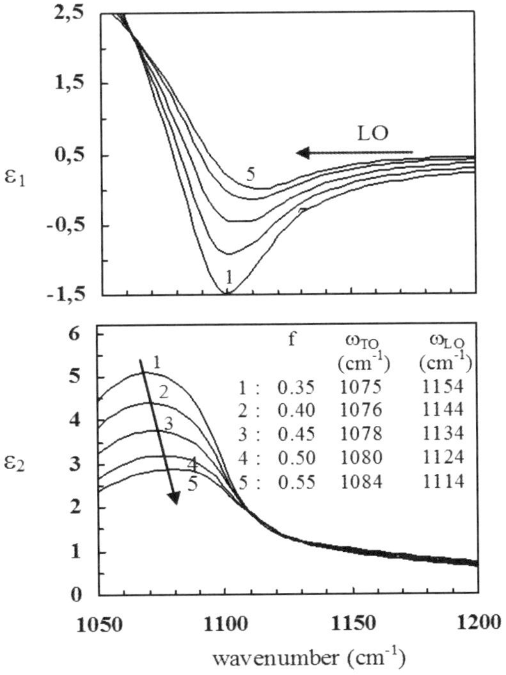

Figure 9b

Figure 9a et 9b. Parties réelle ε_1 et imaginaire ε_2 de la fonction diélectrique, en fonction du nombre d'onde, calculées pour un mélange de silice et de pores vides avec une fraction volumique de pores f croissante (figures extraites des références 14 et 15).

La fréquence longitudinale optique ω_{LO} du mode d'élongation varie essentiellement avec la fraction volumique de pores f_{pores} (fig. 10). Elle est quasiment insensible à la densité du squelette de silice et est peu sensible au type de remplissage des pores.

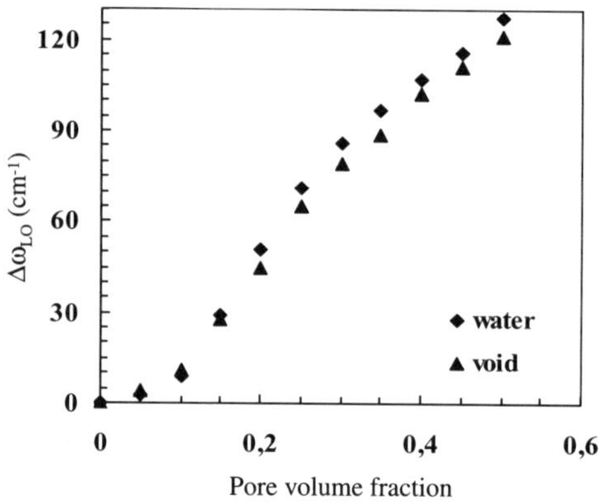

Figure 10. Variation de $\Delta\omega_{LO}$ (écart entre la fréquence de référence ω_{LO} = 1 245 cm^{-1} et celle de la couche mince) en fonction de la fraction volumique de pores, les pores pouvant être vides (triangle) ou remplis d'eau (losange) (figure extraite de la référence 14).

4.2. Films mésoporeux élaborés par voie chimique

Voici l'exemple de couches minces de silice mésoporeuse, élaborées par voie chimique (par « spin coating » ou « dip coating ») Nous ne détaillerons pas ici la méthode d'élaboration de ces couches minces, nous rappellerons seulement les résultats concernant leur microstructure [15].

Dans le visible, une fois leur élaboration terminée, ces couches minces présentent un indice de réfraction initialement très faible (n = 1,25 à 600 nm) ce qui témoigne d'une très grande porosité. À l'air, et sans traitement particulier, l'indice de réfraction de ces couches minces augmente jusqu'à atteindre des valeurs élevées (1,46 à 600 nm), voisines de celle de la silice fondue qui ne présente pourtant aucune porosité. Cette augmentation d'indice a lieu sans variation significative d'épaisseur ($\sim$ 160 nm).

L'analyse des constantes optiques dans l'infrarouge permet d'étudier l'origine de cette forte augmentation d'indice observée dans le visible.

La figure 11 présente l'évolution (sur deux jours) des parties réelle et imaginaire de la fonction diélectrique de ces couches minces poreuses autour de 1 100 cm^{-1}. On n'y observe aucune modification du mode d'élongation :

- la fréquence Transverse Optique ω_{TO} située vers 1 065 cm^{-1} ne varie pas, ce qui signifie que la densité du squelette de silice reste inchangée ; à l'aide du modèle de microstructure, on l'évalue à 2,33 g/cm^3, ce qui correspond à un indice de réfraction du squelette à 600 nm proche de 1,490 ;
- la fréquence Longitudinal Optique ω_{LO} située vers 1 150 cm^{-1} ne varie quasiment pas, ce qui signifie que la fraction volumique des pores est toujours la même : elle est voisine de 55%.

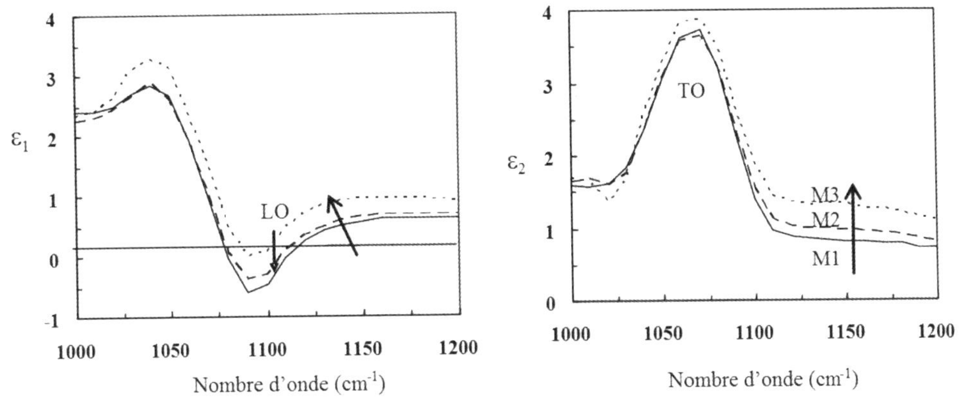

Figure 11. Parties réelle ε_1 et imaginaire ε_2 de la fonction diélectrique, en fonction du nombre d'onde, mesurées sur une couche mince de silice mésoporeuse à différents temps : M_1 après dépôt (environnement sec), M_2 après 2 heures à l'air, M_3 après 2 jours à l'air (figures extraites de la référence 15).

La figure 12 présente l'évolution (sur deux jours) des partie réelle n et imaginaire k de l'indice complexe de ces couches minces poreuses entre 1 400 et 5 000 cm^{-1}. On y observe bien l'augmentation de l'indice de réfraction à 5 000 cm^{-1} de 1,23 à 1,44 (évolution parallèle à celle observée à 600 nm), mais on y observe aussi l'apparition et l'augmentation progressive de bandes d'absorption dues aux modes de vibration des liaisons chimiques suivantes : H-OH, C=O, C-H de CH_2 et CH_3. Ces liaisons chimiques sont celles de molécules présentes dans l'atmosphère.

L'étude dans le domaine infrarouge permet sans ambiguïté d'attribuer la forte augmentation de l'indice de réfraction observée dans le visible uniquement à une

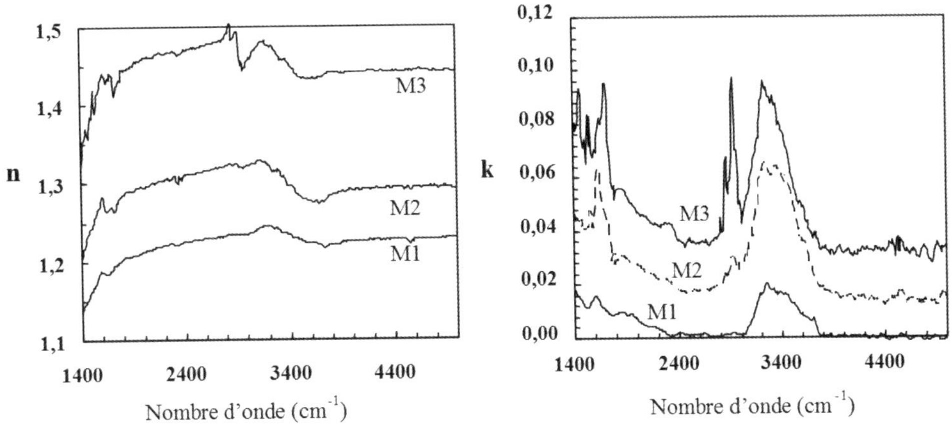

Figure 12. Parties réelle n et imaginaire k de l'indice complexe, en fonction du nombre d'onde, mesurées sur une couche mince de silice mésoporeuse à différents temps : M_1 après dépôt (environnement sec), M_2 après 2 heures à l'air, M_3 après 2 jours à l'air (figures extraites de la référence 15).

augmentation de l'indice de réfraction des pores (de 1,07 à 1,44), due à leur contamination par des hydrocarbures présents dans l'atmosphère.

4.3. Films microporeux élaborés par voie physique

Prenons maintenant l'exemple de couches minces de silice microporeuse, élaborées par voie physique (par canon à électrons sous ultra-vide [13]). Comme précédemment, nous ne détaillerons pas ici la méthode d'élaboration de ces couches minces, nous rappellerons seulement les principaux résultats obtenus sur leur microstructure [14].

Une fois leur élaboration terminée et avant leur mise à l'air, ces couches minces de silice microporeuse ont un indice de réfraction dans le visible voisin de 1,40 (à la longueur d'onde de 600 nm). Dès leur mise à l'air, leur indice de réfraction ainsi que leur épaisseur augmentent (fig. 13), l'indice de réfraction final est voisin de 1,45 (valeur proche de celle de l'indice de réfraction de la silice fondue). En ce qui concerne l'évolution des spectres de la fonction diélectrique dans l'infrarouge, on observe une augmentation simultanée des deux fréquences ω_{TO} et ω_{LO} du mode d'élongation (fig. 14) ce qui s'interprète par une diminution simultanée de l'indice de réfraction du squelette de silice et de la fraction volumique des pores (fig. 15).

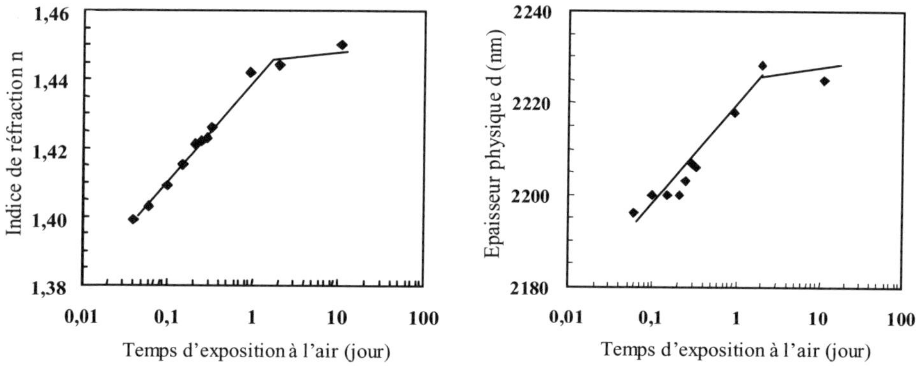

Figure 13. Évolution à l'air de l'indice de réfraction n et de l'épaisseur d des couches minces de silice microporeuse (figures extraites de la référence 14).

Les modifications microstructurales responsables de ces évolutions sont : l'adsorption de molécules d'eau dans les micropores, l'hydrolyse ainsi que la relaxation du réseau de silice initialement très contraint. L'adsorption de l'eau dans les micropores augmente l'indice de réfraction des pores de 1 à 1,33. L'hydrolyse du réseau de silice va permettre au réseau, initialement très contraint par la méthode d'élaboration, de se relaxer ; cette relaxation se traduit, d'une part, par une diminution de la fraction volumique de pores et par une augmentation d'épaisseur (le réseau de silice prend plus de place), d'autre part, par une diminution de la densité du squelette de silice (même quantité de matière dans un volume plus grand).

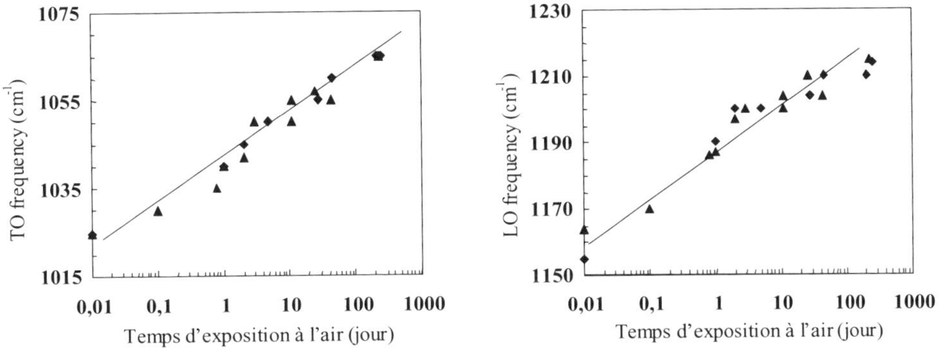

Figure 14. Évolution à l'air des fréquences TO et LO du mode d'élongation des liaisons Si-O-Si dans des couches minces de silice microporeuse (figures extraites de la référence 14).

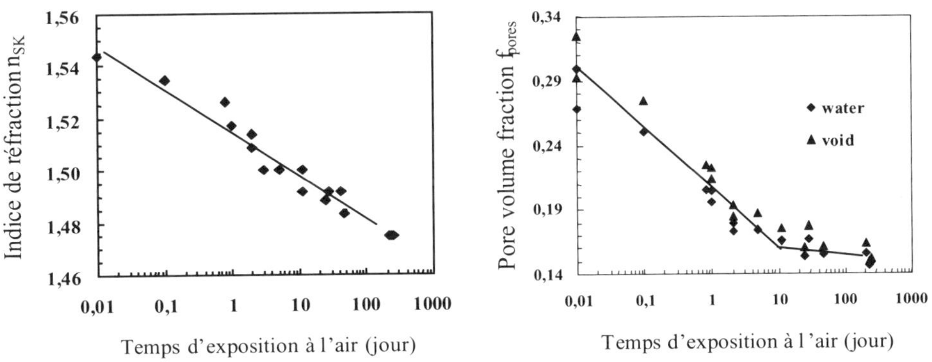

Figure 15. Évolution de l'indice de réfraction n_{sk} du squelette de silice et de la fraction volumique de pores f_{pores} dans des couches minces de silice microporeuse (figures extraites de la référence 14).

Pour vérifier que ce modèle de microstructure est bien cohérent, on peut calculer, à l'aide des paramètres infrarouges et de l'équation 24, l'indice de réfraction de la couche mince poreuse et comparer la valeur calculée à celle mesurée avant et après évolution :

- au départ, l'indice de réfraction du squelette de silice est évalué à 1,54, la fraction volumique de pores à 30%, et l'indice des pores à 1 (pores vides). Ceci conduit à un indice de réfraction de 1,40 (équation 24), valeur effectivement mesurée avant mise à l'air des couches minces ;
- après évolution, l'indice de réfraction du squelette de silice est évalué à 1,47, la fraction volumique de pores à 15%, et l'indice des pores à 1,33 (pores plein d'eau). Ceci conduit à un indice de réfraction de 1,45 (équation 24), valeur effectivement mesurée après 2 jours à l'air.

Références bibliographiques

[1] DREVILLON B., PERRIN J., MARBOT R., VIOLET A. and DALBY J. L., *Rev. Sci. Instrum.*, 53, 1982, p. 969.

[2] DREVILLON B., *Thin Solid Films*, 313, 1998, p. 625.

[3] RÖSELER A., *Infrared Spectroscopic Ellipsometry*, Berlin, Akademie Verlag, 1990.

[4] WOLD E. and BREMER J., *Applied Optics*, 33, 1994, p. 5982.

[5] LEHMANN A., SCHUMANN L. and HÜBNER K., *Phys. Stat. Sol. (b)*, 117, 1983, p. 689.

[6] KITTEL C., *Introduction à la physique de l'état solide*, Paris, Dunod, 1972, p. 181.

[7] BRENDEL R. and BORMANN D., *J. Appl. Phys.*, 71, 1992, p. 1.

[8] AZZAM M. A. and BASHARA N. M., *Ellipsometry and Polarized Light*, Amsterdam, North Holland, 1977.

[9] THEYE M. L., Thèse d'État, « Spectroscopie des métaux et alliages à l'aide de couches minces semi-transparentes ; applications aux métaux nobles », Paris, Université Paris-VI, 1968.

[10] REINBERG A. R., *Appl. Opt.*, 11, 1972, p. 273.

[11] BERREMAN D. W., *Phys. Rev.*, 130, 1963, p. 2193.

[12] HARBECKE B., HEINZ B. and GROSSE P., *Appl. Phys. A*, 38, 1985, p. 263.

[13] BRUNET-BRUNEAU A., RIVORY J., RAFIN B., ROBIC J. Y., CHATON P., *J. Appl. Phys.*, 82, 1997, p. 1330.

[14] BRUNET-BRUNEAU A., FISSON S., VUYE G. and RIVORY J., *J. Appl. Phys.*, 87, 2000, p. 7303.

[15] BRUNET-BRUNEAU A., BESSON S., GACOIN T., BOILOT J. P. and RIVORY J., *Thin Solid Films*, 447-448, 2004, p. 51.

[16] BRUGGEMAN D. A. G., *Ann. Phys.*, 24, 1935, p. 636.

Chapitre 3

Analyse des hétérogénéités et de la porosité par ellipsométrie couplée à l'adsorption de gaz

Vincent ROUESSAC
et André AYRAL

1. Introduction

La texture poreuse d'un matériau est fortement dépendante de ses conditions de synthèse et de mise en forme. Il est donc particulièrement important de pouvoir caractériser directement la porosité des couches minces déposées sur leur substrat d'usage. L'analyse de cette porosité est un problème complexe, en particulier si, en plus de la porosité totale, on souhaite accéder à d'autres données telles que les fractions volumiques des porosités ouverte et fermée, la distribution en taille des pores ou encore l'analyse profilométrique de la porosité.

Les techniques mettant en jeu la physisorption isotherme d'un gaz tel que l'azote sont en général bien adaptées pour l'étude des matériaux microporeux et mésoporeux. Cependant la méthode conventionnelle de mesure volumétrique de la quantité de gaz adsorbé, utilisée avec succès dans le cas des poudres et des matériaux massifs, est difficilement applicable au cas des couches minces du fait de la très faible quantité de matériau poreux déposé. Une autre difficulté est liée à l'analyse effectuée à très basse température (77,4 K) de la physisorption de l'azote. Si un tel abaissement de température est de faible conséquence pour des matériaux poreux inorganiques tels que les céramiques, présentant un squelette rigide, il n'en est pas de même pour les polymères organiques ou les matériaux hybrides à structure souple pour lesquels les notions de pores et porosité ouverte sont souvent remplacées par celles de volume libre et de solubilisation moléculaire.

L'analyse de la porosité des couches minces nécessite donc la mise au point de dispositifs expérimentaux et de conditions opératoires spécifiques. Cette approche sera illustrée par la présentation de travaux réalisés sur le thème du couplage de mesures ellipsométriques avec l'adsorption de gaz. Dans le cas de l'ellipsométrie, la mesure nécessite une couche transparente et un substrat d'indice optique suffisamment différent de celui de la couche. Ces conditions de mesure sont idéalement rencontrées avec les couches poreuses siliciées à faible constante diélectrique déposées sur des substrats de silicium et développées pour la microélectronique. Les exemples présentés par la suite porteront essentiellement sur ce type de couches minces.

2. Adsorption-désorption de gaz et analyse de la porosité

L'analyse de la porosité par physisorption est basée sur l'intrusion de petites molécules-sondes dans la porosité ouverte de matériaux. Cette méthode est particulièrement adaptée à l'analyse des matériaux microporeux et mésoporeux tels que définis dans la classification de l'Union Internationale de Chimie Pure et Appliquée (IUPAC) (tabl. 1).

Tableau 1. Classification des pores suivant l'IUPAC.

Micropores		Mésopores	Macropores
< 2 nm		2 à 50 nm	50 nm
Ultra-micropores	super-micropores		
0,7 nm	0,7 nm		

Il faut d'ailleurs noter que cette classification trouve son origine dans l'analyse de la porosité à partir des isothermes de physisorption de gaz.

2.1. Isothermes de physisorption de gaz

Lorsque l'on suit l'évolution du volume de gaz adsorbé et condensé dans le matériau en faisant croître puis décroître la pression relative P/P_0 sur tout l'intervalle [0,1], on établit l'isotherme complète d'adsorption-désorption du gaz. Une représentation schématique de l'évolution du système pour la phase d'adsorption est donnée sur la figure 1. Dès les plus faibles pressions relatives, les molécules de gaz s'adsorbent sur la surface du solide. L'épaisseur de la couche adsorbée croît avec l'augmentation de la pression relative. Dans le cas de micropores, cela conduit au remplissage complet de la porosité. Dans le cas des mésopores, intervient ensuite le processus de condensation capillaire décrit par la loi de Kelvin.

Lors de l'adsorption, la surface des mésopores est donc progressivement recouverte par une monocouche d'adsorbat puis par une multicouche. L'épaisseur de cette couche adsorbée dite « t » augmente progressivement avec la pression. La figure 2 représente l'évolution de l'épaisseur t sur la surface d'un matériau dense pour différents adsorbants, d'après de Boer [2], Hagymassy [3] et Naono [4].

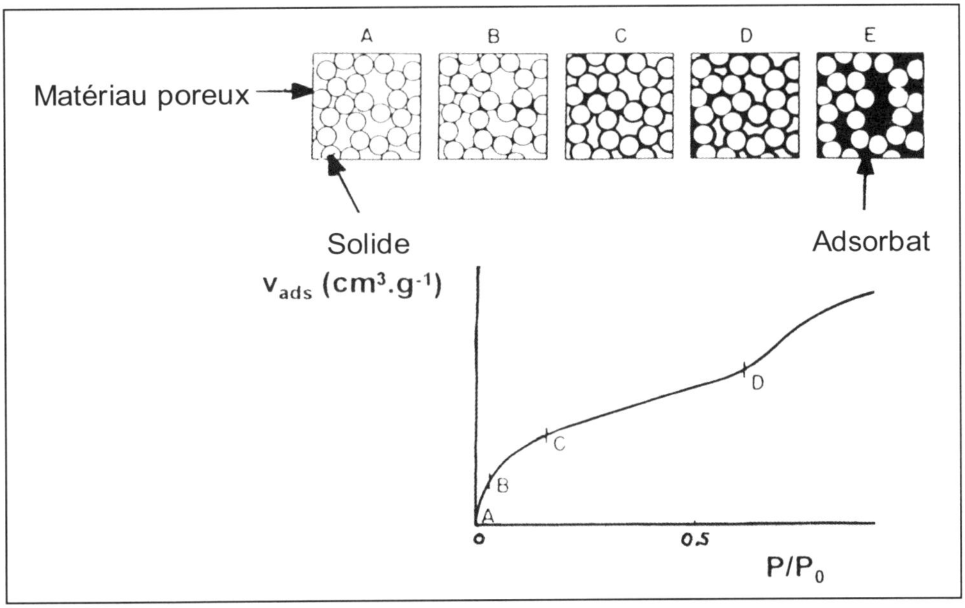

Figure 1. Représentation schématique d'évolution d'un matériau poreux au cours de la phase d'adsorption isotherme de gaz (d'après [1]).

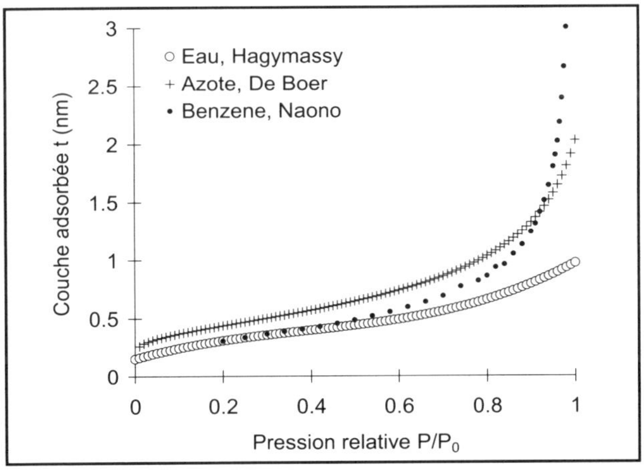

Figure 2. Évolution de la couche adsorbée sur une surface dense avec la pression relative, pour plusieurs adsorbants.

La condensation capillaire est régie par la relation de Kelvin. Dans le cas d'un pore rempli de condensat, la relation entre le rayon du pore, r_K, et la pression relative d'équilibre du gaz P/P_0 est la suivante :

$$r_K = \frac{-2\gamma V \cos\theta}{RT \ln(P/P_0)}$$

avec :

		Azote	Eau	Ethanol	Cyclo-hexane
γ	tension superficielle du condensat (10^{-5} N.cm^{-1})	8,85	72,0	22,3	27,9
V	volume molaire du condensat (cm^3)	34,65	18	57,9	107,8
θ	angle de mouillage sur le matériau	généralement considéré nul			
R	constante des gaz parfaits	8,31441 J.mol^{-1}.K^{-1}			
T	température (K)	77,4	293	293	293
P_0	pression de vapeur saturante du gaz (mmHg)	760	17,5	42	76

L'allure de l'isotherme dépend fortement de la texture poreuse du matériau adsorbant et de la nature des interactions adsorbant-adsorbat. Les différents types d'isothermes généralement observés ont fait l'objet d'une classification par l'IUPAC. Ils sont présentés sur la figure 3.

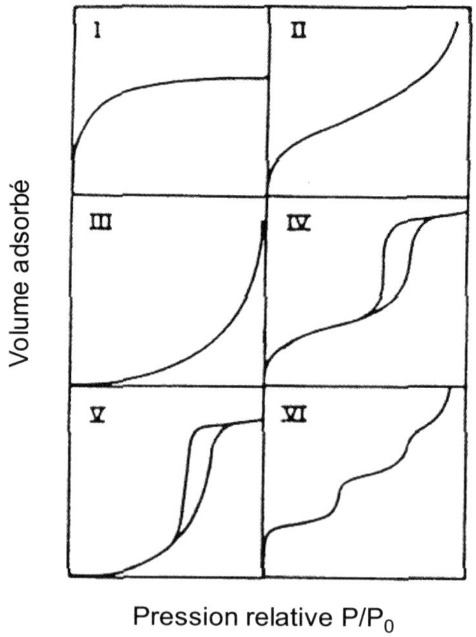

Figure 3. Différents types d'isothermes de physisorption de gaz (d'après [5]).

L'*isotherme de type I* est rencontrée dans le cas de matériaux microporeux pour lequels la taille des pores n'excède pas quelques diamètres de molécule d'adsorbat. Le plateau observé correspond à la fin du remplissage des micropores par l'adsorbat. La surface développée à l'extérieur des micropores est très faible et n'induit qu'une adsorption réduite pour les valeurs plus élevées de P/P_0.

L'***isotherme de type II*** correspond au cas de matériaux non poreux ou macroporeux. L'augmentation initiale du volume adsorbé correspond à la formation de la première couche. Avec l'augmentation de la pression relative, le nombre de couches adsorbées augmente jusqu'à devenir infini à la saturation.

L'***isotherme de type III*** est peu fréquente. Elle correspond généralement au cas où la chaleur d'adsorption est moindre que la chaleur de liquéfaction de l'adsorbat et où il ne se produit donc pas la formation initiale d'une monocouche.

L'***isotherme de type IV*** est caractérisée par sa boucle d'hystérésis associée au phénomène de condensation capillaire observé avec les mésopores et sur lequel nous reviendrons ultérieurement.

L'***isotherme de type V***, très rare, est associée à des solides mésoporeux pour lesquels, comme pour l'isotherme III, les interactions adsorbat-adsorbant sont faibles.

L'***isotherme de type VI***, elle-aussi rarement observée, est une isotherme à marches qui correspondent à la formation de monocouches successives.

La présence de mésoporosité dans le matériau étudié se traduit le plus généralement par l'existence d'une boucle d'hystérésis sur l'isotherme : la courbe de désorption est située au-dessus de la courbe d'adsorption pour des pressions relatives élevées (fig. 3, isothermes IV et V). La coïncidence des deux courbes est cependant toujours respectée pour des pressions relatives inférieures à 0,35 qui constitue la valeur limite pour qu'il y ait condensation gazeuse. Ce phénomène d'hystérésis est provoqué par le fait que, pour une pression partielle P/P_0 donnée, il existe une famille de pores non encore remplis d'adsorbat lors de l'étape d'adsorption mais qui en sont pleins lors de la désorption. Ce comportement peut être expliqué en considérant deux types de pores de forme particulière :

- ***les pores cylindriques :*** dans la phase de remplissage le gaz « voit » le pore cylindrique vide de condensat avec un rayon plus grand que son rayon réel (fig. 4a et 4b).
- ***les pores en forme de bouteille :*** le remplissage s'effectue selon la relation de Kelvin relative au rayon interne du pore (le plus grand) et la vidange en fonction du rayon du col du pore (le plus petit) (fig. 5a et 5b).

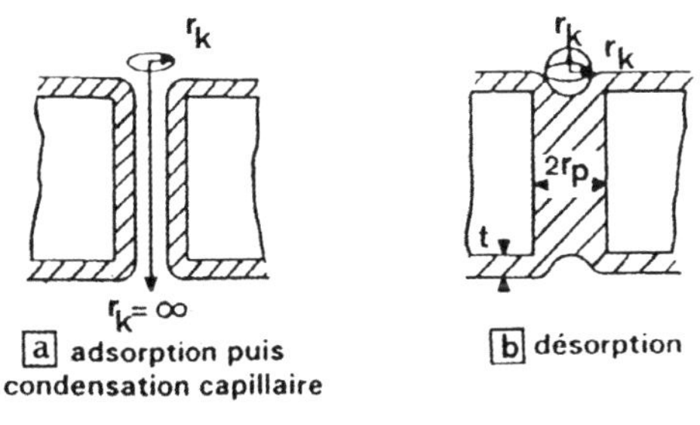

Figure 4. Adsorption (a) et désorption (b) dans un pore cylindrique (d'après [6]).

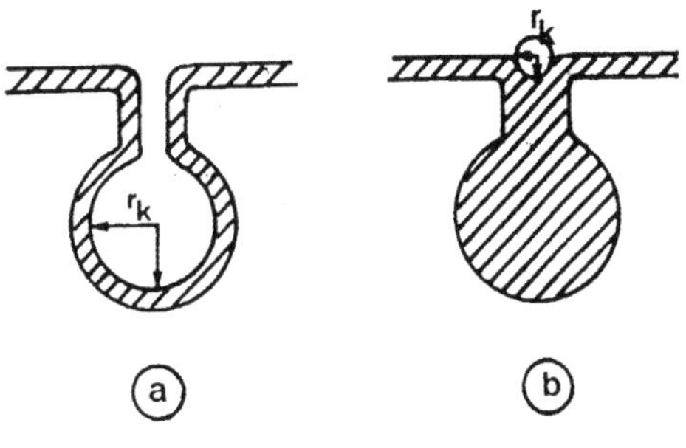

Figure 5. Adsorption (a) et désorption (b) dans un pore en forme de bouteille.

2.2. Analyse de la porosité

À partir de la courbe isotherme et notamment par **comparaison à des courbes modèles** relatives à un type donné de porosité, on peut dans un premier temps préciser **qualitativement** la nature (taille, distribution de tailles, forme) de la porosité du matériau. Différentes méthodes existent pour **l'analyse quantitative** de la distribution en taille des pores dans le domaine des micropores et des mésopores. L'analyse quantitative de la microporosité reste cependant délicate.

Pour ce qui est de la **mésoporosité**, les méthodes d'analyse quantitative sont généralement basées sur l'application de la loi de Kelvin et sur une hypothèse sur la géométrie des pores, le plus souvent supposés cylindriques. La méthode B.J.H. est la plus utilisée [7].

Considérons la branche de désorption de l'isotherme et l'abaissement progressif de la pression relative. À une pression relative donnée, le rayon des pores remplis, r_P, est donné par la somme du rayon de Kelvin, r_K, et de l'épaisseur de la couche adsorbée, t :

$$r_P = r_K + t.$$

Soient 2 valeurs successives, P_i/P_0 et P_j/P_0, de la pression relative, on peut donc mesurer ΔV_j, le volume désorbé correspondant à cette baisse de pression gazeuse. ΔV_j résulte de deux contributions :

$$\Delta V_j = \Delta V_{Kj} + \Delta V_{tj}$$

ΔV_{Kj} est le volume provenant de la vidange des pores de rayon de Kelvin moyen $\overline{r_{Kj}}$, avec :

$$\overline{r_{Kj}} = (r_{Ki} + r_{Kj})/2.$$

Les rayons de Kelvin r_{Ki} et r_{Kj} correspondent respectivement aux pressions relatives P_i/P_0 et P_j/P_0.

ΔV_{tj} est le volume de gaz relatif à la diminution Δt_j ($\Delta t_j = t_i - t_j$) de l'épaisseur du film adsorbé à la surface des pores vidangés.

Il est ainsi possible d'établir une distribution en taille du volume mésoporeux.

Dans le cas d'une isotherme de type I, l'analyse quantitative de la **microporosité** peut être réalisée par différentes méthodes dont la plus simple est la méthode M.P. [8]. Parmi les autres méthodes d'étude de la microporosité, on peut citer celle de G. Horvath et K. Kawazoe (HK) [9] ou celle basée sur la théorie de Dubinin et Radushkevich (DR) [10].

2.3. Principe et limitations de la méthode de mesure volumétrique

La méthode de mesure généralement utilisée dans les appareillages commerciaux de physisorption d'azote à la température de l'azote liquide est de type volumétrique. L'échantillon à caractériser, placé dans une cellule en verre, est tout d'abord dégazé sous vide afin d'éliminer de sa surface les molécules préalablement adsorbées. On mesure ensuite le volume offert au gaz dans la cellule contenant l'échantillon. Ceci est réalisé à partir de la mesure de la variation de pression associée à la détente, dans la cellule de mesure préalablement sous vide, d'un volume connu d'un gaz non adsorbant à température ambiante tel que l'hélium. Après remise sous vide, le tube échantillon est placé dans un vase de Dewar contenant de l'azote liquide. On introduit alors progressivement des quantités connues d'azote. La pression d'équilibre de gaz est chaque fois mesurée à l'aide d'un manomètre. À partir de la quantité d'azote introduite dans l'enceinte, de la pression P et du volume offert au gaz, on peut ainsi aisément déterminer le volume V de gaz adsorbé pour la pression relative P/P_0 (utilisation de la loi des gaz parfaits avec facteurs correctifs propres à l'adsorbant utilisé). Ce mode de mesure nécessite que l'aire développée par le matériau poreux dans la cellule de mesure soit telle que la part de molécules adsorbées à chaque équilibre soit suffisamment élevée (comparée à la part restant sous forme gazeuse dans la cellule) et conduise ainsi à des variations mesurables de la pression dans la cellule. Cette valeur d'aire est de l'ordre de quelques m^2, ce qui est accessible avec un matériau poreux massif ou divisé mais difficilement atteinte avec une couche mince supportée.

Des cellules, à géométrie spécialement adaptées pour recevoir un empilement de plaques recouvertes de la couche à analyser tout en limitant le volume mort [11], permettent, dans certains cas, de réaliser des mesures sur couches minces avec un appareillage conventionnel (fig. 6). Cependant la détermination exacte de la masse de couche poreuse mise en jeu lors de l'analyse reste très délicate.

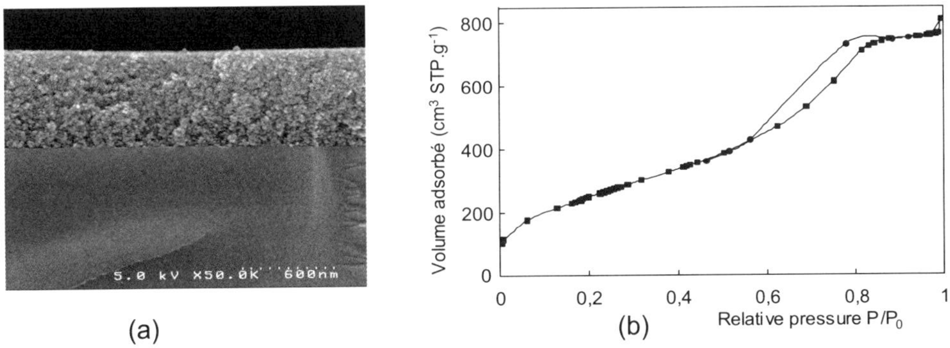

Figure 6. Couche mince de silice mésoporeuse déposée sur substrat de silicium : (a) Vue en coupe au microscope électronique à balayage ; (b) isotherme d'adsorption-désorption d'azote obtenue à partir d'une analyse sur un appareillage conventionnel et en utilisant une cellule adaptée.

3. Ellipsométrie couplée à la physisorption de gaz

Les limitations de la méthode conventionnelle volumétrique d'adsorption d'azote dans le cas des couches minces nous ont donc conduit à nous intéresser à des méthodes permettant une mesure locale d'une grandeur physique pouvant être reliée à la porosité de la couche. Dans le cas de l'ellipsométrie, il s'agit de l'indice optique de la couche. L'ellipsométrie couplée à l'adsorption de solvant (généralement notée EP en anglais pour *Ellipsometric Porosimetry*) peut s'appliquer aux couches microporeuses ou mésoporeuses mais également aux couches denses (avec volume libre) capables de solubiliser la molécule-sonde. Elle permet de suivre à la fois la variation d'indice et la variation d'épaisseur de la couche au cours de l'adsorption et de la désorption isotherme de l'adsorbat. Même si quelques publications antérieures existaient sur l'étude de la porosité de couches minces par ellipsométrie couplée à l'adsorption de gaz [12-14], cette technique a connu un intérêt particulier avec le développement des couches poreuses à très faible constante diélectrique pour la microélectronique, il y a quelques années. Alors que notre laboratoire conduisait une collaboration sur ce sujet avec le CEA-LETI de Grenoble [15, 16], d'autres équipes se sont également intéressées aux potentialités de l'ellipsométrie couplée à l'adsorption de gaz [17, 18].

3.1. Aspects théoriques

L'analyse optique par ellipsométrie dans le visible d'un film mince transparent est réalisable lorsqu'il est déposé sur un support lisse et de préférence d'indice optique éloigné de celui du film. C'est le cas lorsque le support est une plaque de silicium ayant subi un polissage métallographique, support classiquement utilisé en microélectronique. Dans le cas inverse, si la rugosité des interfaces air-film et film-support est trop importante, la diffusion du faisceau incident devient trop importante devant la réflexion spéculaire vers le détecteur, ce qui ne permet pas une analyse dans des conditions idéales. Ceci est le cas aussi lorsque les indices du film et du substrat sont trop proches ou que l'interface film-support n'est pas assez réfléchissante.

Pour tout matériau poreux, deux types de porosité peuvent être définies : la porosité ouverte, accessible depuis la surface externe de l'échantillon qui peut être analysée par adsorption-désorption, et la porosité fermée, incluse dans la matrice et non accessible. Plusieurs modèles décrivant les milieux hétérogènes permettent le calcul de la porosité [19]. Dans le cas d'une adsorption-désorption sans solubilisation dans la phase solide, le squelette correspond à la phase solide et à la porosité fermée. L'introduction d'un adsorbat au sein de la porosité ouverte est à l'origine d'une variation d'indice du matériau :

Modèle linéaire :

$$\varepsilon = V_P \varepsilon_P + (1 - V_P)\varepsilon_S$$

Modèle de Lorentz-Lorenz (LL) :

$$\frac{\varepsilon - 1}{\varepsilon + 2} = V_P \frac{\varepsilon_P - 1}{\varepsilon_P + 2} + (1 - V_P)\frac{\varepsilon_S - 1}{\varepsilon_S + 2}$$

Modèle de Bruggeman (BEMA) :

$$0 = V_P \frac{\varepsilon_P - \varepsilon}{\varepsilon_P + 2\varepsilon} + (1 - V_P)\frac{\varepsilon_S - \varepsilon}{\varepsilon_S + 2\varepsilon}$$

avec :
ε, la permittivité diélectrique relative du film, égale à n^2 dans le domaine de la lumière visible, n étant l'indice optique du film ;
ε_i, la permittivité diélectrique relative de la phase i (indice P pour les pores, S pour le squelette) ;
V_P, la fraction volumique des pores.

La figure 7 montre les écarts entre les différents modèles en fonction de la porosité d'un matériau de type silice qui a pour indice de squelette n = 1,459. Alors que la différence de porosité extraite des mesures d'indice est moindre entre le modèle Lorentz-Lorenz et BEMA, l'estimation de la porosité s'écarte significativement dans le cas du modèle linéaire. Dans la suite du texte, le modèle Lorentz-Lorenz est préféré au modèle de Bruggeman car plus simple.

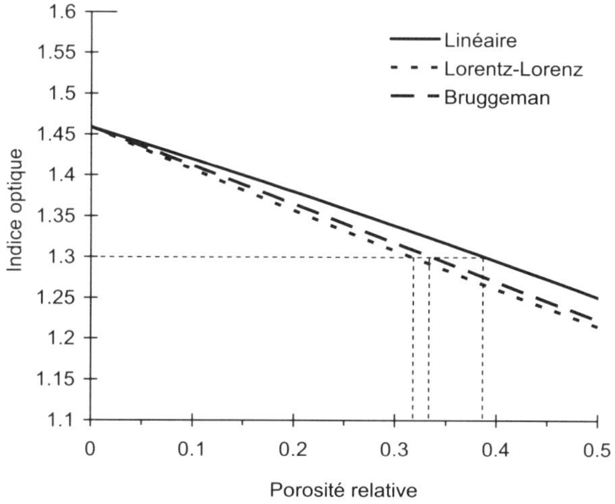

Figure 7. Porosité calculée par les modèles linéaire, Lorentz-Lorenz et Bruggeman d'une silice poreuse à partir de l'indice optique du matériau.

3.1.1 Mesure du volume total des pores et de l'indice de réfraction du squelette

Cas des couches poreuses rigides

Ces couches sont caractérisées par une faible variation dimensionnelle au cours de l'adsorption et de la condensation capillaire de l'adsorbat, variation qui peut être négli-

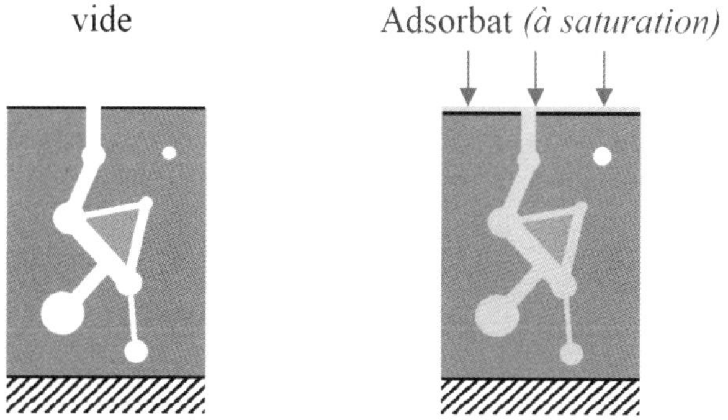

Figure 8. Schéma d'une structure poreuse rigide sans changement de volume lors de la pénétration de solvant dans sa porosité ouverte.

gée. À saturation, l'adsorbat condensé occupe donc le même volume que la porosité ouverte, comme le schématise la figure 8.

Pour calculer le volume poreux V_P et l'indice du squelette n_S, il faut donc résoudre un système de deux équations à deux inconnues. Pour cela, deux phases remplissant complètement la porosité sont nécessaires. Deux mesures de l'indice du film sont donc effectuées à la pression de vapeur saturante du solvant adsorbé après avoir préalablement dégazé la couche poreuse.

Dans le cas de l'approximation de Lorentz-Lorenz, pour la première mesure, on a :

$$A_1 = \frac{n_1^2 - 1}{n_1^2 + 2} \quad B_1 = \frac{n_S^2 - 1}{n_S^2 + 2} \quad C_1 = \frac{n_{L1}^2 - 1}{n_{L1}^2 + 2} \quad \text{avec} \quad A_1 = C_1 \times V_P + B_1 \times (1 - V_P)$$

avec n_1, l'indice de la couche après remplissage complet de la porosité ouverte par l'adsorbat condensé (phase liquide) d'indice n_{L1}.

Pour la seconde mesure, on a :

$$A_2 = \frac{n_2^2 - 1}{n_2^2 + 2}, \quad B_2 = B_1 = B = \frac{n_S^2 - 1}{n_S^2 + 2}, \quad C_2 = \frac{n_{L2}^2 - 1}{n_{L2}^2 + 2}$$

$$\text{avec} \quad A_2 = C_2 \times V_P + B_2 \times (1 - V_P).$$

On peut alors déduire la fraction volumique de pore V_P et l'indice du squelette :

$$V_P = \frac{A_1 - A_2}{C_1 - C_2} \quad \text{et} \quad n_S = \sqrt{\frac{1 + 2B}{1 - B}} \quad \text{avec} \quad B = \frac{A_1 - V_P C_1}{1 - V_P}.$$

Cas des couches minces souples

Elles sont sujettes à un gonflement important lors de l'augmentation de la pression partielle du fluide pénétrant. Les variations d'indice et d'épaisseur sont donc une combinaison du remplissage du volume libre (et des micropores, s'il y en a) et de la dilatation du réseau qui accueille le pénétrant (fig. 9).

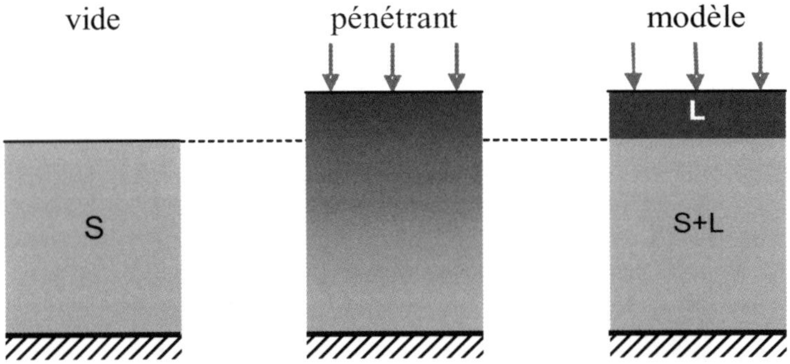

Figure 9. Schéma d'une couche dense (ou microporeuse) à structure souple avec changement de volume lors de la pénétration de solvant.

Si l'interaction matériau-solvant est nulle et si on suppose que le solvant est sous forme liquide dans le matériau, la relation de Lorentz-Lorenz devient :

$$\frac{n^2-1}{n^2+2} = \frac{e_0}{e}\left(V_P\frac{n_L^2-1}{n_L^2+2} + (1-V_P)\frac{n_S^2-1}{n_S^2+2}\right) + \frac{e-e_0}{e}\frac{n_L^2-1}{n_L^2+2}$$

avec :
n, indice mesuré du matériau sous la pression partielle P/P_0, d'épaisseur e ;
n_S, indice initial de la couche mince sous vide d'épaisseur initiale e_0 ;
n_L, indice de l'adsorbat supposé à l'état liquide.

On peut donc en déduire un volume de pénétrant incorporé par unité surface dans la couche. Il s'agit en fait d'un volume équivalent car l'indice du squelette supposé invariant en première approximation est en fait susceptible de varier lors du gonflement de la couche.

3.1.2 Distribution en taille dans le cas de couches mésoporeuses

À partir des isothermes n = $f(P/P_0)$, une méthode simplifiée est applicable pour obtenir la distribution en taille des mésopores avec la courbe $dn/dr_P = f(r_P)$. Le rayon moyen des pores correspond au maximum de cette courbe. Cette méthode simplifiée a l'avantage de ne pas nécessiter la détermination du volume adsorbé par une loi de mélange de phases. Du fait de la corrélation directe entre la variation d'indice de réfraction en fonction de P/P_0 et la variation de volume de solvant adsorbé dans les pores (Lorentz-Lorenz), de telles courbes de distribution peuvent être comparées directement avec les courbes de distribution obtenues par des mesures d'adsorption-désorption conventionnelles.

3.2. Aspects expérimentaux

La mesure ellipsométrique couplée à l'adsorption nécessite la conception d'une cellule étanche munie de fenêtres transparentes. Le dispositif entourant la cellule doit permettre :
- la mise sous vide de la cellule pour le dégazage initial de l'échantillon ;
- l'application de pressions croissantes puis décroissantes d'adsorbat.

Concernant cette deuxième fonction, deux configurations peuvent être envisagées (fig. 10). La première consiste à imposer une pression partielle de l'adsorbat dans un gaz vecteur non condensable dans les conditions d'analyse (par exemple l'azote dans le cas de l'adsorption d'eau [fig. 10a]). La deuxième consiste à imposer une pression absolue d'adsorbat dans l'enceinte de mesure (fig. 10b). Il faut noter ici que les volumes balasts V1 et V2 représentés sur la figure 10b servant à modifier de façon contrôlée la montée ou la descente en pression relative, peuvent être avantageusement remplacés par des vannes micrométriques positionnées à différents points du dispositif (entrée du volume cellule, sortie du réservoir adsorbat, sortie vers pompe à vide).

L'avantage de la première configuration est d'éviter une différence de pression entre l'intérieur et l'extérieur de la cellule. Elle conduit donc des conditions moins draconiennes d'étanchéité de la cellule et des circuits extérieurs. En contrepartie, la mesure de la pression partielle nécessite une méthode analytique de la phase gaz (chromatographie, spectrométrie de masse,...) alors qu'en pression absolue, la simple mesure de pression suffit. Dans le cas de l'adsorption d'eau, il est possible d'utiliser un hygromètre. Cependant, il n'existe pas de dispositif hygrométrique simple qui permette une mesure précise de l'humidité relative sur l'ensemble de la gamme 0-100%.

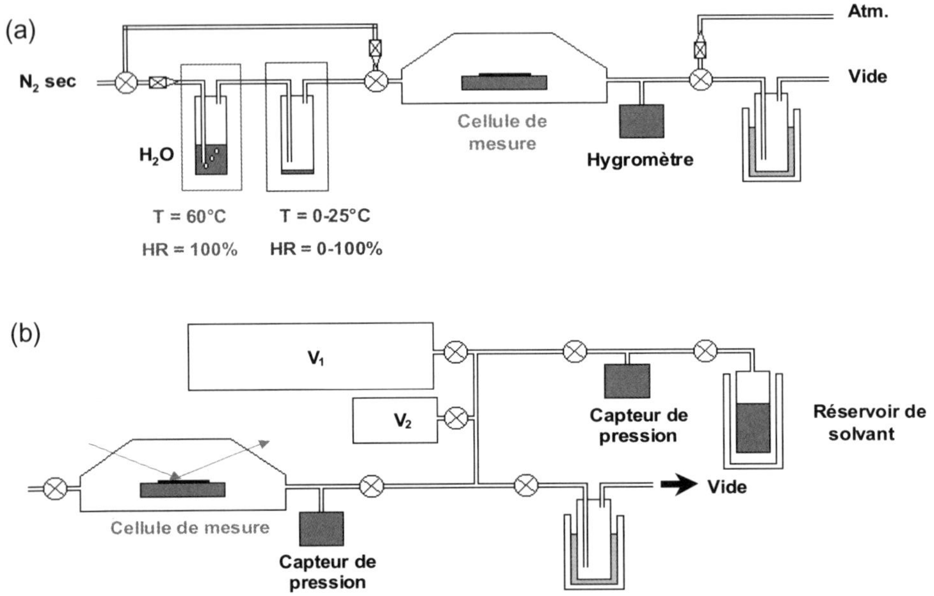

Figure 10. Représentation schématique des cellules et de dispositifs externes pour le couplage ellipsométrie-adsorption de gaz. (a) mesures en pression partielle dans le cas de l'eau ; (b) mesures en pression absolue pour un adsorbant liquide à température et pression ambiantes.

4. Étude expérimentale de couches minces par ellipsométrie

4.1. Conditions d'analyses

4.1.1 Caractérisation ellipsométrique

L'épaisseur et l'indice optique ont été mesurés à l'Institut européen des membranes (IEM) à l'aide d'un ellipsomètre Plasmos SD 2300 (maintenant Jobin-Yvon PZ2000) et au CEA-Grenoble à l'aide d'un ellipsomètre spectroscopique UV-1280 Kla-Tencor, tous deux couplés à une chambre de mesure disposant d'un système de pompage et d'une source de solvant. Dans le second cas, l'échantillon est préalablement chauffé à 200 °C sous vide pendant plusieurs heures pour vider complètement les pores avant d'effectuer les isothermes d'adsorption puis de désorption du solvant. La vapeur de solvant est introduite progressivement dans la chambre et la mesure de l'indice et de l'épaisseur est effectuée après le temps nécessaire à l'obtention de l'équilibre de pression à l'adsorption, puis à la désorption. L'analyse est non destructive car si le solvant est correctement choisi, il est possible de l'extraire entièrement en fin de désorption. Elle permet de sonder la porosité d'un petit volume correspondant à la taille du faisceau du laser que reçoit le détecteur après réflexion sur le film, c'est-à-dire de l'ordre du mm^2 de surface.

Un système similaire est monté à l'IEM. Le point qui semble le plus critique est que l'étanchéité de la cellule doit être suffisante pour éviter toute dérive de la pression due à des entrées d'air depuis l'extérieur pendant toute la phase d'établissement de l'isotherme qui dure plusieurs heures.

4.1.2 Choix du solvant

Le choix de l'adsorbat, principalement à la température ambiante, est déterminant. En plus de devoir être un liquide volatile à cette température avec une pression de vapeur suffisante (plusieurs dizaines de mbar), il doit être, de plus, non polaire si l'on souhaite minimiser les interactions chimiques avec le squelette pouvant fausser la mesure de l'indice (permittivité) et donc le calcul de la porosité. De plus, pour déterminer le volume poreux total, un couple de deux pénétrants ayant des indices bien différents doit être choisi.

Il est aussi intéressant de mettre en évidence le comportement squelette-solvant en complétant et comparant les analyses avec d'autres solvants plus polaires en établissant des isothermes de sorption (adsorption et solubilisation e la molécule sonde).

Quelques adsorbants possibles pour l'analyse en couplage ellipsométrie-adsorption sont présentés dans le tableau 2, soit en physisorption pour connaître la porosité et la répartition de la taille des pores, ou en sorption pour connaître l'affinité chimique du squelette avec le pénétrant.

A titre de comparaison, des analyses d'adsorption-désorption d'azote à 77,4 K ont été menées sur un appareillage commercial Micromeritics ASAP 2010. Pour une analyse acceptable, la géométrie de la cellule de mesure a été modifiée pour pouvoir accepter une plus grande quantité de matériau, c'est-à-dire une surface importante de film mince

Tableau 2. Caractéristiques de quelques absorbants possibles à température ambiante, comparés à l'azote utilisé en analyse volumétrique conventionnelle.

Solvant	Azote (77,4 K)	Eau (293 K)	Ethanol (293 K)	n-Heptane (293 K)	Toluene (293 K)
Indice de réfraction à 633 nm	–	1,333	1,361	1,388	1,497
Moment dipolaire (Debye)	0	1,85	1,69	0	0,37
Volume molaire (10^{-6} $m^3.mol^{-1}$)	34,65	18	57,86	146,6	106,3
Pression de vapeur (mbar)	1 017	31,7	75,9	60,7	37,1
Tension de surface à 25 °C ($mN.m^{-1}$)	22,6	72,0	21,97	19,65	27,93

poreux (~ 100 cm^2). La répartition en taille des pores a pu être ainsi extraite et comparée aux résultats obtenus par ellipsométrie couplée à l'adsorption de gaz.

4.2. Étude des couches inorganiques ou hybrides à squelette rigide et à porosité ouverte

4.2.1 Nature des échantillons analysés

Six couches minces mésoporeuses déposées sur silicium par centrifugation *(spin coating)* ont été analysées. Il s'agit de matériaux à très basse permittivité diélectrique (ULK) dénommés : Nanoglass C, Nanoglass E, Hitachi HSG-6210X, HSG-RZ25-15, JSR LKD5109 et Shipley Zirkon 2200.

Les matériaux 6210X et Zirkon 2200 sont obtenus par une approche porogène en incorporant une macromolécule sacrificielle dans une matrice thermostable. Le traitement thermique permet de décomposer le porogène ce qui est la source de porosité.

Pour ce qui est des matériaux LKD5109 et HSG-RZ25-15, l'auto-assemblage de polymères blocs est la technique de base pour générer ces matériaux poreux de type SiOC.

Ces matériaux sont déposés par centrifugation sur du silicium monocristallin poli sans motif puis recuit à 425 °C sous flux d'azote.

Le Nanoglass C, matériau de type silice, est préparé par voie sol-gel à partir de tétraéthoxysilane (TEOS) et subit ensuite un traitement hydrophobe en greffant des groupes alkylsilanes sur la surface des pores.

4.2.2 Estimation du volume poreux et de l'indice optique du squelette

Les mesures ellipsométriques ont été effectuées sous air ambiant et sous vapeur saturante de trois solvants : l'eau, l'éthanol et l'heptane.

Le volume poreux ainsi que l'indice du squelette ont été extraits en résolvant les équations pour les solvants pris deux à deux à partir des modèles linéaire (L) et Lorentz-Lorenz (LL). Les résultats sont présentés dans le tableau 3.

Dans le cas du Nanoglass C, les valeurs calculées pour n_S sont proches de celles de la silice avec un indice de squelette proche de celui de la silice 1,46. De plus suivant le couple de solvant, le volume poreux est compris dans l'intervalle 51%-75%, ce qui est en adéquation avec les 69% obtenus en adsorption-désorption d'azote.

Pour les autres couches, on observe des écarts importants de V_P et n_S suivant les couples de solvants utilisés. Les raisons sont multiples :

- un problème de stabilité de pression dû à l'étanchéité de la cellule. Pour une couche mésoporeuse dont la condensation capillaire a lieu à forte P/P_0, il faut être certain que toute la porosité est bien remplie et à la bonne valeur de pression relative ;
- l'hypothèse qu'il n'y a pas d'interaction entre le solvant et le squelette peut ne pas être assurée. Certains solvants peuvent se dissoudre et diffuser dans le squelette ;
- les indices de réfraction des deux solvants ne doivent pas être trop proches l'un de l'autre pour minimiser les incertitudes sur V_P et n_S ;

Tableau 3. Volume poreux V_P et indice de squelette n_S calculés d'après les mesures d'EP.

Adsorbats		Honeywell Nanoglass C		Shipley Zirkon		JSR LKD5109		Hitachi RZ25-15		Hitachi 6210X	
		V_P (%)	n_S	V_P (%)	n_S	V_P (%)	n_S	V_P (%)	n_S	V_P (%)	n_S
Air eau	L	58	1,460	–	–	–	–	–	–	–	–
	LL	68	1,489	–	–	–	–	–	–	–	–
Air éthanol	L	58	1,467	19	1,392	47	1,486	8	1,393	43	1,445
	LL	68	1,492	24	1,394	58	1,511	11	1,394	30	1,447
Air heptane	L	59	1,477	20	1,399	46	1,469	9	1,397	42	1,439
	LL	69	1,499	25	1,400	55	1,484	12	1,397	51	1,447
Ethanol heptane	L	71	1,514	39	1,402	21	1,444	23	1,399	32	1,432
	LL	75	1,525	40	1,403	23	1,444	24	1,399	34	1,432

- la variation de volume négligée en première approximation doit être prise en compte pour certains solvants ;
- les solvants utilisés ont des moments dipolaires différents et leurs structures à l'état adsorbé sur les parois des pores peuvent être différentes suivant le taux de remplissage.

4.2.3 Isothermes d'adsorption-désorption et distribution en taille des pores

La figure 11 compare les isothermes d'un même matériau, Nanoglass C, analysé par ellipsométrie porosimétrique et par adsorption-désorption volumétrique conventionnelle d'azote. La figure 12 montre les isothermes d'adsorption-désorption obtenues à température ambiante pour les films minces poreux Nanoglass C, Nanoglass E et LKD5109, avec l'éthanol comme molécule-sonde. Tous les matériaux testés suivent le régime d'adsorption typiquement rencontré pour les matériaux mésoporeux (diamètre de pores compris entre 2 et 50 nm) en accord avec la classification IUPAC (fig. 3). Le Nanoglass C, qui est hydrophile, est un matériau mésoporeux de type IV (fig. 11 et 12a).

La figure 13 montre l'évolution de l'épaisseur de la couche 6210X au cours de l'adsorption d'éthanol en parallèle avec l'évolution de son indice. L'épaisseur est relativement constante pendant l'adsorption jusqu'au remplissage de la mésoporosité vers $P/P_0 = 0,7$ puis augmente linéairement ensuite. Comme pour l'indice optique, l'épaisseur suit un cycle d'hystérésis et l'isotherme n'est pas superposable à celle de l'adsorption. Le point anguleux à $P/P_0 \sim 0,55$ en désorption, tant pour l'épaisseur et que pour l'indice optique, révèle bien le retard à la vidange des mésopores. Cette vidange se traduit par une contraction capillaire du squelette puis son relâchement, pour retrouver les mêmes valeurs d'indice optique et d'épaisseur en fin de cycle. Ceci montre l'entière réversibilité de l'interaction squelette-éthanol. Une étude précédente en adsorption d'azote à 77,4 K sur une silice mésoporeuse de porosité comparable à celle du Nanoglass C avait montré que, dans ce cas, la contraction capillaire n'était pas observée [20].

En tenant compte de la légère variation d'épaisseur, le volume poreux de la couche 6210X rempli d'adsorbat a pu être calculé à l'aide de la relation de Lorenz-Lorentz. À saturation, il est de 30% (fig. 13c).

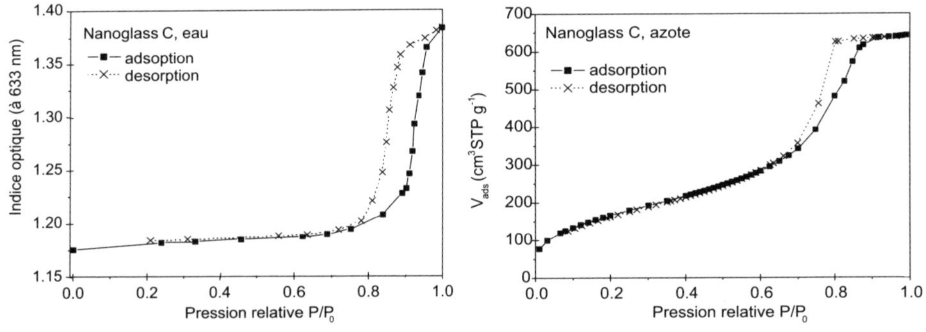

Figure 11. Comparaison des isothermes obtenues par couplage ellipsométrie – adsorption-désorption d'eau à 25 °C et par adsorption-désorption conventionnelle d'azote à 77,4 K.

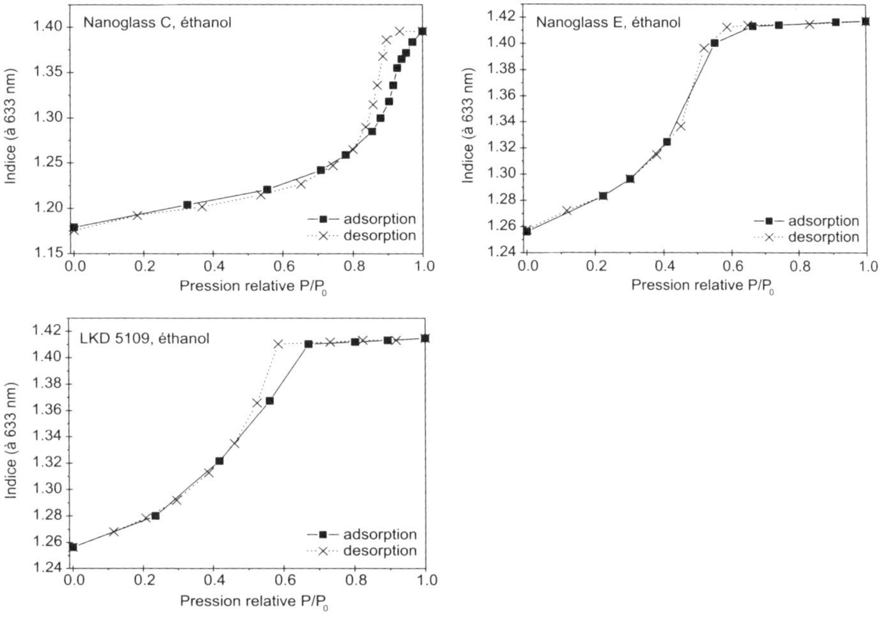

Figure 12. Isothermes d'adsorption et de désorption de trois couches mésoporeuses de matériaux ULK.

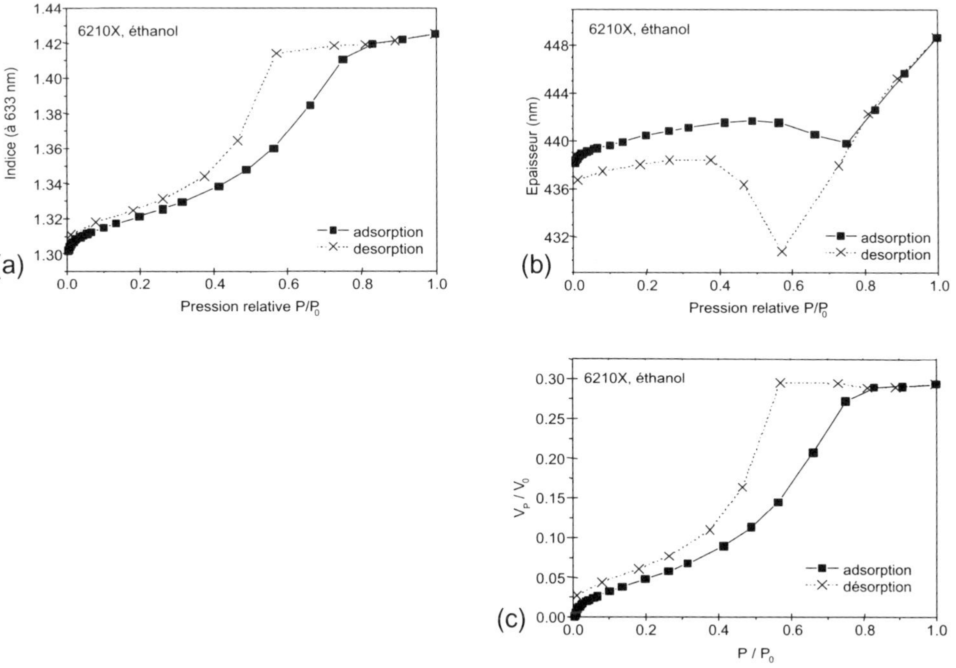

Figure 13. Variation de l'indice de réfraction (a) et de l'épaisseur (b) de la couche mince poreuse Hitachi HSG-6210X. Volume relatif poreux calculé (c).

Les couches Nanoglass E, LKD5109 et 6210X sont des matériaux de type V. Leurs isothermes sont caractérisées par une évolution convexe de l'indice optique à basse pression, preuve que les interactions attractives entre le squelette et le solvant sont faibles.

Les isothermes sans boucle d'hystérésis et dont l'indice sature à plus faible P/P_0 sont caractéristiques de petits mésopores dont le rayon est inférieur à 1,9 nm [21]. Le rayon moyen des pores extrait de l'isotherme de désorption du film Nanoglass E est $\bar{r}_P = 1,8\ nm$, le plus petit de cette étude. Les répartitions en taille des pores des différents matériaux analysés sont rassemblées dans la figure 14 et les rayons moyens des pores correspondants, dans le tableau 4. Nos résultats sont en bon accord avec la littérature, notamment concernant le matériau Zirkon dont le fabricant Shipley annonce un rayon moyen de pore autour de 1,9 nm [22].

Tableau 4. Diamètre moyen des pores des différentes couches ULK testées.

$\overline{r_p}$ (nm)	Honeywell Nanoglass E	Honeywell Nanoglass C	JSR LKD5109	Hitachi 6210X	Shipley Zirkon
Désorption	1,8	8	4,0	3.0	2,0

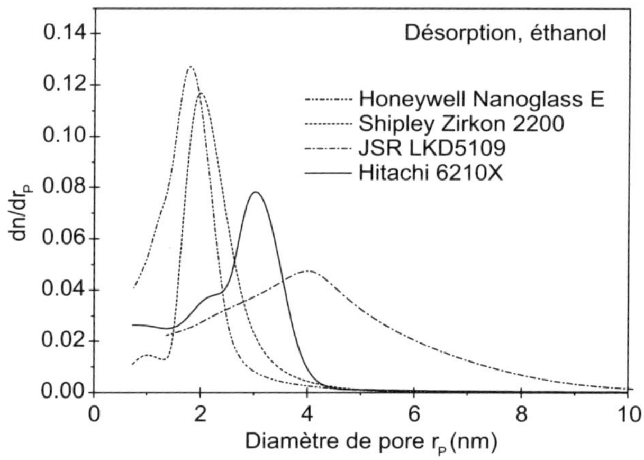

Figure 14. Répartition en taille des pores des différentes couches ULK commerciales analysées.

À la différence des analyses de physisorption de l'azote établies sur un appareil commercial disposant notamment de procédures automatisées de test de fuite, le montage utilisé en ellipsométrie couplée à l'adsorption est un prototype. Son étanchéité, pas toujours parfaite au départ, a été nettement améliorée au fil des expériences. La figure 15 représente l'effet d'une erreur de pression sur l'estimation du rayon moyen des pores par la loi de Kelvin. Cette figure met bien en évidence qu'une petite variation de P/P_0 autour de 0,8, correspondant au domaine de condensation capillaire pour le Nanoglass C, induit un changement important dans la valeur finale obtenue pour le diamètre moyen des pores. Pour le Nanoglass C, un écart de 5% sur la pression relative provoque un écart de 3 nm sur le rayon moyen. Pour des mésopores de petit diamètre (condensation pour de faibles valeurs de la pression relative), l'erreur est moindre et les diamètres moyens de pore déterminés à partir des isothermes de désorption n = f(P/P_0) sont obtenus avec une bien moindre incertitude.

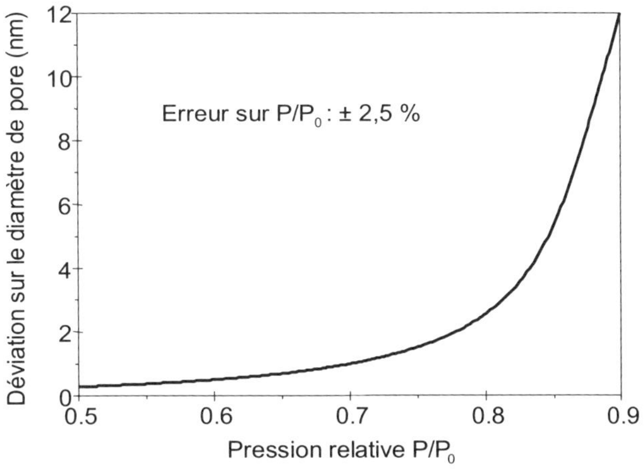

Figure 15. Erreur sur r_P déduite de l'erreur sur P dans la gamme de plus grande variation de l'indice (condensation capillaire ou vidange) pour les films commerciaux ULK analysés.

4.3. Étude de couches hybrides souples

Le remplissage du volume libre et de la microporosité mais aussi le gonflement du réseau contribuent dans ce cas à la variation de l'indice optique et de l'épaisseur de la couche. C'est avec ces couches souples que nous avons rencontré jusqu'à maintenant les évolutions les plus variables, suivant les valeurs d'indice du solide et celui de la molécule-sonde (connu à l'état liquide) et suivant l'affinité chimique entre le matériau et la molécule-sonde.

La figure 16 représente une isotherme d'adsorption-désorption classiquement rencontrée pour une couche polymère-plasma. Pour des molécules-sondes de faible taille, elle est généralement caractérisée par une évolution rapide de l'indice à faible P/P_0 puis une stabilisation progressive. Cette tendance révèle la présence de micropores dont la répartition en taille est large. Dans ce cas, l'évolution de l'épaisseur reste faible.

Il est possible de suivre l'évolution d'un traitement thermique et d'analyser l'indice de réfraction et l'épaisseur de la même couche après plusieurs traitements. La figure 17a montre un exemple de l'effet de plusieurs recuits sous air sur une couche polymère plasma d'hexaméthyldisiloxane ppM2. Les différentes isothermes (eau, 25 °C) mettent en évidence la densification du réseau qui s'accompagne d'une disparition progressive des micropores et de leur coalescence en mésopores dont la taille semble augmenter avec la température de recuit. Bien que le matériau soit hydrophobe à l'état brut d'après plusieurs analyses d'angle de contact goutte d'eau-surface (fig. 17b), la pénétration des molécules de vapeur d'eau ne semble pas être interdite. À plus forte température de recuit, la couche devient mésoporeuse et hydrophile. Par analyse en spectroscopie infrarouge, on observe que le squelette se rapproche de la silice thermique. Dans ce cas, le volume de porosité ouverte extrait à l'aide des couples air-eau ou air-éthanol est autour de 6%. Cette faible valeur de mésoporosité explique pourquoi ces couches, même traitées thermiquement, sont difficilement analysables par adsorption d'azote conventionnelle.

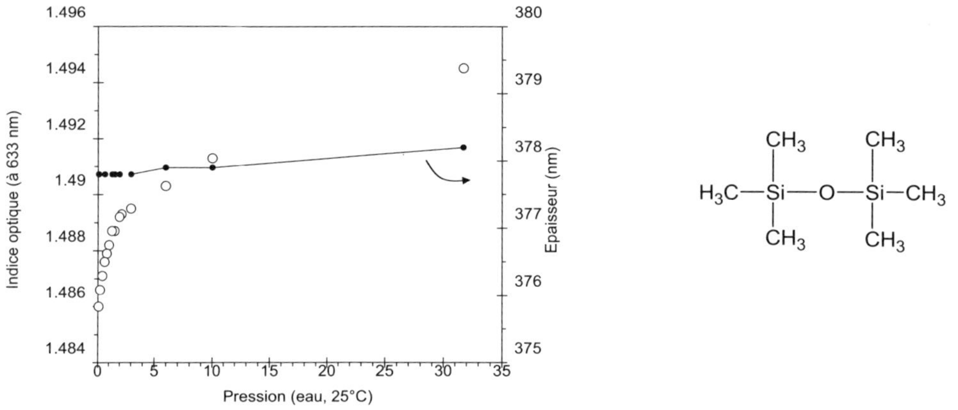

Figure 16. Isotherme d'indice pour un matériau polymère-plasma ppM2.

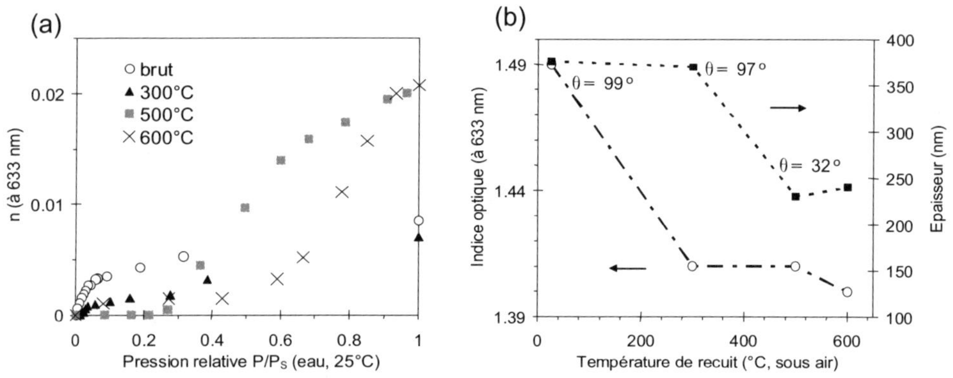

Figure 17. Évolution de la porosité avec un traitement sous air d'une couche de polymère-plasma d'héxamethyldisiloxane. (a) : isothermes d'adsorption d'eau ; (b) : indice et épaisseur des couches PECVD ppM2 par ellipsométrie sous air et angles de contact correspondants.

La figure 18a représente plusieurs isothermes, également établies sous adsorption-désorption d'eau à 25 °C, d'une couche PECVD brute et recuite synthétisée dans les mêmes conditions mais à partir d'un autre précurseur organométallique, le décaméthylcyclo-pentasiloxane $(SiO)_5(CH_3)_{30}$. La couche PECVD contient la même signature spectrale en infrarouge que celle du précurseur, c'est-à-dire le cycle $[Si\text{-}O]_5$. *A priori* ce matériau a donc un volume libre plus important que le matériau ppM2 qui est composé, en première approximation, d'un arrangement tridimensionnel aléatoire de maillons plus petits et non cycliques. Contrairement à la couche ppM2, la vapeur d'eau ne semble pas pénétrer dans ce matériau lorsqu'il est hydrophobe. Il devient microporeux après un recuit à haute température. Sa matrice est alors une silice hydrophile (fig. 18b) et microporeuse d'après l'allure de l'isotherme d'adsorption d'eau (fig. 18a).

En règle général, il est à noter que pour ces polymères-plasma, l'allure de l'isotherme dépend beaucoup de la nature de la molécule-sonde. À titre d'exemple, en prenant l'éthanol plutôt que l'eau, alors que l'allure de l'isotherme pour le ppD5 est identique à celle obtenue avec l'eau (forte variation d'indice à faible P/P_0, larges micropores), les isothermes de la couche ppM2 recuite à différentes températures sont très différentes : la variation d'indice reste importante à faible P/P_0, même après recuit au dessus de 500 °C. Le matériau recuit semble donc être microporeux et beaucoup plus sensible à la vapeur d'éthanol à basse pression relative.

Ces analyses récemment réalisées à l'IEM demandent à être confirmées, notamment en réflectométrie des rayons X couplée à l'adsorption. Il faut par ailleurs noter l'absence de toute référence dans la littérature concernant la caractérisation de ce type de matériau en ellipsométrie couplée à l'adsorption.

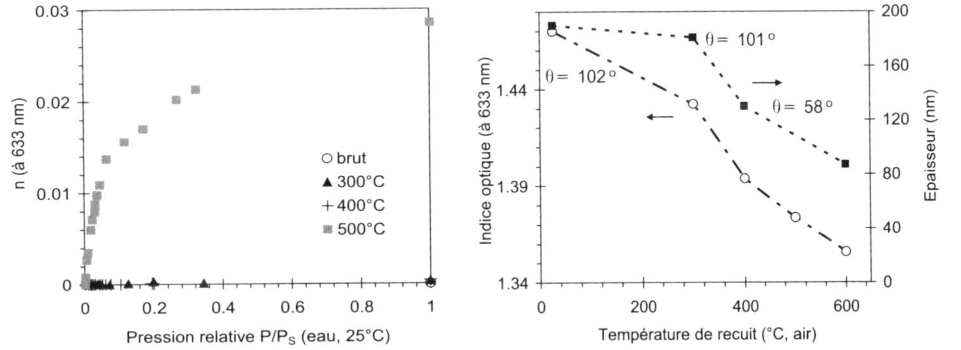

Figure 18. Évolution de la porosité avec un traitement sous air d'une couche de polymère-plasma de décaméthylcyclopentasiloxane ppD5.

Le troisième exemple de couche concerne un matériau PECVD ULK. Il s'agit d'un copolymère-plasma synthétisé à l'aide de deux vapeurs de précurseurs, l'une servant à la formation du squelette organosilicié, le décaméthylcyclopentasiloxane (D5), la seconde étant une vapeur d'hydrocarbure formant un sous-réseau hydrocarboné dit porogène qui sera détruit par un traitement ultérieur afin de créer la porosité. Le volume poreux du matériau final est donc fonction de la proportion volumique de ce sous-réseau mais aussi de l'efficacité du traitement permettant de l'éliminer sans affaissement du sous-réseau complémentaire formant le squelette.

Cette couche se comporte très différemment des couches PECVD précédemment considérées. L'isotherme en ellipsométrie couplée à l'adsorption d'éthanol est présentée figure 19. Elle est typique d'un polymère dense dont le squelette se dilate fortement en présence d'un pénétrant. L'indice optique de ce matériau solubilisant progressivement le pénétrant décroît fortement lorsque sa pression partielle augmente. Avec l'équation de Lorenz-Lorentz (*cf.* § 3.1 et fig. 9) et en prenant l'indice expérimental, la variation d'épaisseur calculée ne correspond pas à la variation d'épaisseur mesurée (fig. 19). Ceci montre bien la limite, dans ce cas, du modèle utilisé. Cette limite est principalement due à l'interaction matériau-pénétrant. L'hypothèse selon laquelle l'indice du pénétrant est celui mesuré à l'état liquide n'est sûrement pas exacte.

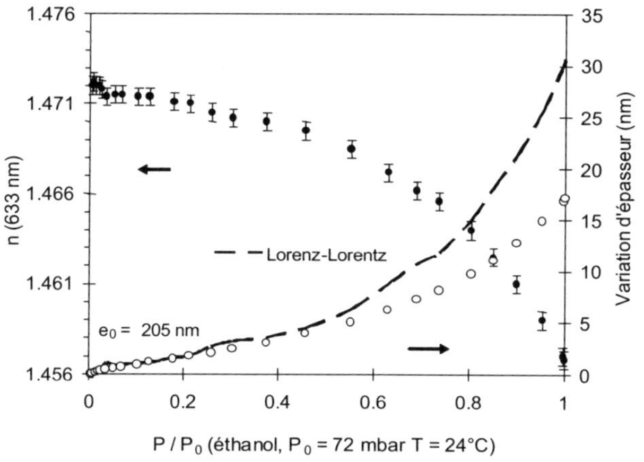

Figure 19. Isotherme d'indice et d'épaisseur d'un copolymère plasma très souple.

5. Conclusion

La technique d'analyse de couches minces par ellipsométrie couplée à l'adsorption de gaz s'avère être particulièrement intéressante pour la caractérisation de couches minces qu'elles soient inorganiques, rigides et micro/mésoporeuses ou bien hybrides ou organiques, denses et souples, susceptibles de solubiliser la molécule-sonde. Très peu de données sont disponibles à ce jour sur le deuxième type de matériaux. Des approfondissements théoriques et des corrélations avec des résultats issus d'autres techniques d'analyse sont donc encore nécessaires pour parfaire l'interprétation des données expérimentales.

Historiquement développée pour la caractérisation non-destructrice de couches minces poreuses à basse permittivité diélectrique pour la microélectronique, cette technique est aussi très intéressante partout où il est nécessaire de connaître les interactions surface-gaz, notamment dans le domaine des membranes et capteurs.

Sur un plan pratique, l'automatisation des tâches de mise en pression relative de gaz et d'acquisition est souhaitable. Elle permettra d'augmenter significativement le nombre et la fiabilité des mesures réalisées comme cela a été le cas pour les mesures volumétriques conventionnelles d'adsorption d'azote.

Remerciements

Les auteurs remercient particulièrement P. Revol et D. Perret, stagiaires ENSCM, F. Bertin, F. Fusalba, A. Chabli et G. Passemard (CEA Grenoble), A. El Mansouri (IEM) et R. Coustel (DEA Matériaux).

Références bibliographiques

[1] ILER R. K., *The Chemistry of Silica*, New York, John Wiley, 1979.

[2] LIPPENS B. C. and DE BOER J. H., *J. of Catal.*, 4, 1965, p. 319-323.

[3] HAGYMASSY J. Jr., BRUNAUER S. et MIKHAIL R. Sh., *J. Colloid Inter. Sci.*, 29, 1969, p. 485-491.

[4] NAONO H., HAKUMAN M. et KAZUYUKI NAKAI, *J. Colloid Inter. Sci.*, 165, 1994, p. 532-535.

[5] BRUNAUER S., DENING L. S., DENING W. E. et TELLER E. J., *J. Am. Chem. Soc.*, 62, 1940, p. 1732.

[6] CHARPIN J. et RASNEUR B., *Caractérisation de la texture poreuse des matériaux*, vol. Caractérisation, P-1050, Paris, Techniques de l'Ingénieur (Ed.), 1987.

[7] BARETT E. P., JOYNER L. G. et HALENDA P. P., *J. Am. Chem. Soc.*, 73, 1951, p. 373.

[8] MIKHAIL R. H., BRUNAUER S. et BODOR E. E., *J. Colloid Interf. Sci.*, 26, 1968, p. 45.

[9] HORVATH G. et KAWAZOE K., *J. Chem. Eng. Japan*, 16, 1983, p. 470.

[10] DUBININ M. M., *Journal of Colloid and Interface Science*, 23 (4), 1967, p. 487-499.

[11] AYRAL A., EL MANSOURI A., VIEIRA M. P. et PILON C., *J. Mater. Sci. Letters*, 17, 1998, p. 883-885.

[12] PAPANU J. S., HESS D. W., BELL A. T. and SOANE D. S., *J. Electrochem. Soc.*, 136, 1989, p. 1195-1200.

[13] YEATMAN E. M., GREEN M., DAWNAY E. J. C., FARDAD M. A. and HOROWITZ F., *J. Sol-Gel Sci. Technol.*, 2, 1994, p. 711-715.

[14] SAYARI A., KRUK M. and JARONIEC M., *Catalysis Letters*, 49, 1997, p. 147-153.

[15] PERRET D. et REVOL P., *Rapports de stage ENSCM* (CEA-LETI, Grenoble, 2000 et 2001).

[16] REVOL P., PERRET D., BERTIN F., FUSALBA F., ROUESSAC V., CHABLI A., PASSEMARD G. et AYRAL A., *Journal of Porous Materials*, 12, 2005, p. 113-121.

[17] BALKANOV M. R., MOGILNIKOV K. P., POLOVINKIN V. G. and DULTSEV F. N., *J. Vac. Sci. Technol.*, *B* 18, 2000, p. 1385-1391.

[18] BOURGEOIS A., BRUNET-BRUNEAU A., FISSON S., DEMARETS B., GROSSO D., CAGNOL F., SANCHEZ C. and RIVORY J., *Thin Solid Films*, 447-448, 2004, p. 46-50.

[19] BORN M. and WOLF E., *Principles of Optics – 7th ed.*, Cambridge, Cambridge University Press, 1999.

[20] ALBOUY P. A. and AYRAL A., *Chemistry of Materials*, 14, 2002, p. 3391-3397.

[21] INOUE S., HANZAWA Y. and KANEKO K., *Langmuir*, 14, 1998, p. 3079-3081.

[22] MALHOUITRE S., JEHOUL C., VAN AELST J., STRUYF H., BRONGERSMAN S., CARBONELL L., VOS I., BEYER G., VAN HOVE M., GRONBECK D., GALLAGHER M., CALVERT J., MAEX K., *Microelectronic Engineering*, 70, 2003, p. 302-307.

Chapitre 4

Principes de base de réflectométrie X et application à l'analyse de porosité

Arie VAN DER LEE

La réflectométrie de rayons X est une technique de diffusion pour déterminer de façon non-destructive la densité électronique, l'épaisseur et les rugosités interfaciales de couches minces, quelle que soit leur nature, cristalline, vitreuse ou même liquide. Son origine physique est expliquée, en faisant appel aux notions de base de la diffraction de rayons X et l'optique, comme la loi de Bragg et la loi de Descartes-Fresnel. Les caractéristiques d'une courbe de réflectivité et l'information primaire que l'on peut en déduire sont analysées. Il est montré comment on peut déterminer la densité massique à partir de la densité électronique en utilisant de l'information chimique en provenance d'autres techniques. La technique de la réflectométrie de rayons X est illustrée par plusieurs exemples : analyse des couches HMDSO déposées par PECVD et des couches HfO2 déposées par ALD (Atomic Layer Deposition) et finalement son utilisation pour l'analyse de la porosité des couches minces.

1. Introduction

1.1. Nature physique de la diffusion

Les matériaux, quelle que soit leur nature, peuvent être caractérisés principalement par trois catégories différentes de techniques : la diffusion, la microscopie et la spectroscopie (fig. 1). En plus de ces trois catégories, d'autres techniques comme l'analyse thermique ou des mesures électriques ou magnétiques peuvent nous fournir des informations importantes. La différence majeure entre les techniques de diffusion d'un côté et les techniques de spectroscopie et microscopie de l'autre côté est que ces dernières sont locales et la microscopie est en plus directe, tandis que les techniques appartenant à la diffusion sont non-locales et dites de Fourier. Direct veut dire que l'information peut être déduite de façon directe de la mesure, c'est-à-dire sans modélisation et sans ambiguïté en dehors des incertitudes expérimentales. Local veut dire que les détails locaux sont accessibles. Une technique de diffusion donne en revanche une vue globale et moyenne du volume de l'échantillon qui est irradié, et l'information doit, à part quelques exceptions, être extraite par une modélisation quelconque qui essaie d'inverser les données expérimentales. Pourquoi faut-il inverser les données ? Les données expérimentales sont enregistrées dans l'espace indirect ou réciproque tandis que l'information structurale requise réside en espace direct ou réel. Entre l'espace réel et l'espace réciproque existe la relation de la transformation de Fourier. Or, ce qui est enregistré lors d'une mesure de Rayons-X, ce sont les amplitudes des phases réfléchies, mais pas leurs phases relatives. Pour pouvoir faire la transformation de Fourier inverse il est nécessaire de connaître les amplitudes et les phases. Cela fait que l'inversion des données expérimentales n'est pas possible par une transformation de Fourier inverse, mais qu'une modélisation est nécessaire pour trouver l'information souhaitée.

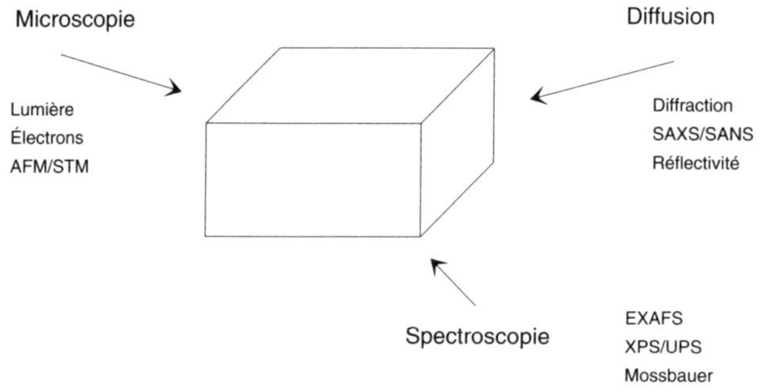

Figure 1. Caractérisation de la matière dure et molle par des techniques physiques.

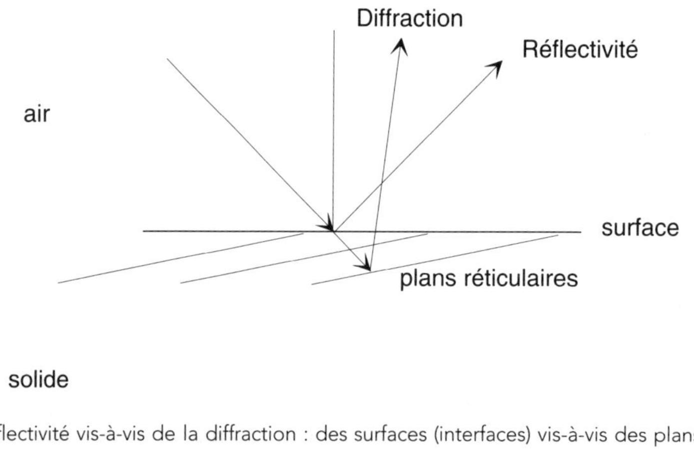

Figure 2. La réflectivité vis-à-vis de la diffraction : des surfaces (interfaces) vis-à-vis des plans réticulaires.

1.2. Réflectométrie, diffraction et diffusion centrale

Parmi les techniques de diffusion on peut citer la diffraction, la réflectométrie et la diffusion centrale (SAXS). Dans tous les cas de figure un faisceau de photons ayant une énergie dans la gamme des rayons X (5-20 keV) est envoyé sur un échantillon ; un détecteur qui est situé en arrière de l'échantillon enregistre le nombre de photons réfléchis qui ont la même énergie que ceux du faisceau incident (diffusion élastique) et également l'angle sous lequel ils sont réfléchis par rapport au faisceau incident. La diffraction se fait par réflexion sur les plans réticulaires qui sont constitués d'atomes individuels. Ces plans réticulaires sont orientés de façon aléatoire ; certains sont parallèles à la surface mais la plupart sont inclinés par rapport à la surface de l'échantillon (fig. 2). Dans les cas favorables on peut remonter par une mesure de diffraction aux positions relatives des atomes dans la maille unitaire d'une phase cristalline. Le domaine angulaire (c'est-à-dire les angles dans lesquels sont réfléchis les photons) se situe entre 2° et 150°. Ceci implique que la diffraction est sensible aux distances interatomiques allant de 0,7 jusqu'à 30 Å.

La réflectométrie se fait par réflexion (et réfraction comme on va constater plus loin) à la surface et toutes les interfaces qui se trouvent en dessous de la surface et qui sont parallèles à la surface. Les interfaces séparent des milieux dont les densités électroniques sont différentes. Le système peut donc être considéré comme un système stratifié. Le domaine angulaire de la réflectométrie est beaucoup plus réduit que celui de la diffraction : on travaille généralement entre 0° et 3°, c'est-à-dire en incidence rasante. La réflectométrie est par conséquent sensible aux distances appartenant au domaine des nanomètres. Il est à noter que cette technique ne fait pas appel à l'atomicité comme la diffraction. Le seul aspect important est d'avoir un système stratifié quelle que soit sa nature : cristalline, amorphe ou liquide. Des systèmes mixtes peuvent même être étudiés, comme des interfaces liquides-solides.

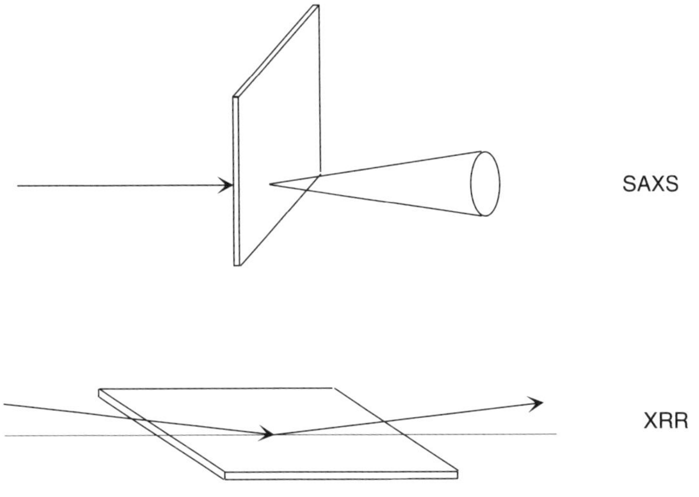

Figure 3. La diffusion centrale vis-à-vis de la réflectivité : transmission vis-à-vis de la réflexion.

Une technique voisine est la diffusion centrale (SAXS : Small Angle X-ray Scattering) où le domaine angulaire est identique à celui de la réflectométrie, mais l'échantillon est perpendiculaire aux faisceau. La différence principale entre les deux techniques est que la contrainte des interfaces parallèles de la réflectométrie n'existe pas dans la SAXS. La SAXS étudie des hétérogénitiés tridimensionnelles, normalement par transmission alors que dans le cas de la réflectométrie l'étude se fait par réflexion (fig. 3).

1.3. Applications

La technique de la réflectométrie a été développée au début des années 1990 par des physiciens, mais elle devient de plus en plus populaire parmi les chimistes pour étudier les surfaces et interfaces de la matière molle, par exemple les cristaux liquides, les microémulsions, l'adsorption des protéines aux surfaces, des couches polymères ultra-minces, des membranes bioloques, céramiques ou hybrides, et les couches Langmuir-Blodgett. Le principe de la me-sure est très semblable à celui de la diffraction classique, mais du fait que l'enregistrement des données se fait pour les angles rasants, le calibrage du goniomètre demande beaucoup de soins et précision. La durée d'un enregistrement peut varier entre 5 minutes et une jour-née, dépendant de la nature et du nombre de paramètres à déterminer. Si on se contente de la densité pour une couche suffisamment épaisse, un enregistrement de 5 minutes peut être suffisant. Une durée d'une journée est parfois nécessaire pour une couche ultra-mince, dont on veut déterminer la densité, l'épaisseur et les rugosités aux interfaces.

Il existe plusieurs publications de style « review » sur la réflectométrie, qui couvrent soit la théorie, l'expérience ou les applications, soit une combinaison de ces trois aspects [1-13].

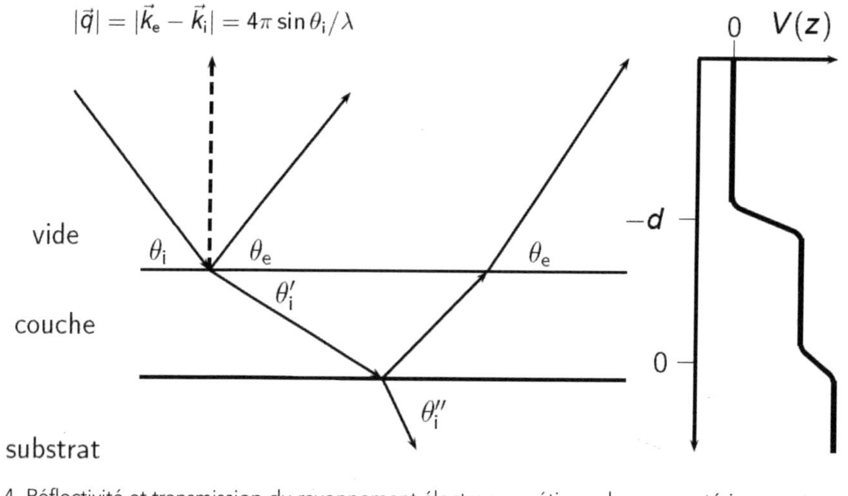

Figure 4. Réflectivité et transmission du rayonnement électromagnétique dans un matériau ayant un potentiel de diffusion $V(z)$. Il est à noter que les angles θ_i et θ_e sont normalement très petits, c'est-à-dire qu'ils sont rasants.

2. Théorie de la réflectométrie

2.1. Réfraction et réflexion des ondes électromagnétiques

Quand un faisceau de photons arrive sur un matériau sous incidence rasante, des dipôles rediffusants sont induits par interaction des ondes électromagnétiques des photons avec les électrons dans les orbitales externes des atomes qui constituent le matériau. Les ondes ré-fléchies interfèrent de façon constructive ou destructive, en fonction de leur différence de chemin optique. La figure 4 montre schématiquement les chemins de deux ondes réfléchies. Il est à noter que l'onde transmise est réfractée, c'est-à-dire, son angle par rapport à la surface est légèrement modifié. On note également que $\theta_i = \theta_e$, ce qui est appelé la condition spéculaire. L'ensemble des électrons dans le matériau constitue un potentiel V pour les photons incidents. Quand on suppose que la couche est stratifiée, ce potentiel ne dépend que de z : $V(z)$. Sa valeur est égale à zéro dans le vide, où il n'y a pas d'électrons, et prend des va-leurs dans les différentes couches. Il est même possible que sa valeur change à l'intérieur du film : dans ce cas, on considère que le film possède un gradient de potentiel. La condition spéculaire implique que l'expérience ne « voit » que des variations le long de la normale à la surface.

Le potentiel de diffusion $V(z)$ dépend directement de l'indice de réfraction $n(z)$ par la relation $n(z) = \sqrt{1.0 - V(z)/k_0^2}$ où $k_0 = 2\pi/\lambda$ et λ est la longueur d'onde de l'onde. L'indice de réfraction pour les énergies auxquelles appartiennent les rayons X peut être relié à la densité électronique par ρ_e :

$$n(z) = 1.0 - \frac{2\pi r_0}{k_0^2}\rho_e(z), \tag{1}$$

où r_0 est le rayon classique de l'électron. Notons que la densité électronique est à une constante près égale au potentiel de diffusion : $V = 4\pi r_0 \rho_e$. Il s'avère que l'indice de réfraction est légèrement inférieur pour tous les matériaux : $1.0 - n(z) \approx 10^{-5}$ pour les rayons X ce qui est très différent par rapport à l'indice pour la lumière visible.

Comment peut-on déduire l'indice de réfraction n et ensuite la densité électronique ρ_e ? On considère le cas simple d'une couche homogène et où il n'y a pas un gradient de densité : la densité est constante à travers la couche. La figure 5 montre le schéma utilisé pour déterminer la relation entre l'angle θ_i, l'épaisseur de la couche d et l'indice de refraction n_f de la couche. L'angle de transmission peut être calculé par la loi de Snell-Descartes :

$$\cos\theta_i = n_f \cos\theta_i^{'}. \tag{2}$$

La loi de Snell précise qu'il existe un angle critique défini par cos $\theta_c = n_f$. L'onde AOB qui est réfléchie à la surface peut interférer avec l'onde $A'O'B'$ qui est réfléchie à l'interface entre la couche et le substrat. Quand la différence de longueur des chemins optiques $\Delta = A'O'B' - AOB = m\lambda$ avec m un nombre entier, des interférences constructives se produisent. L'équation (2) peut être re-écrite :

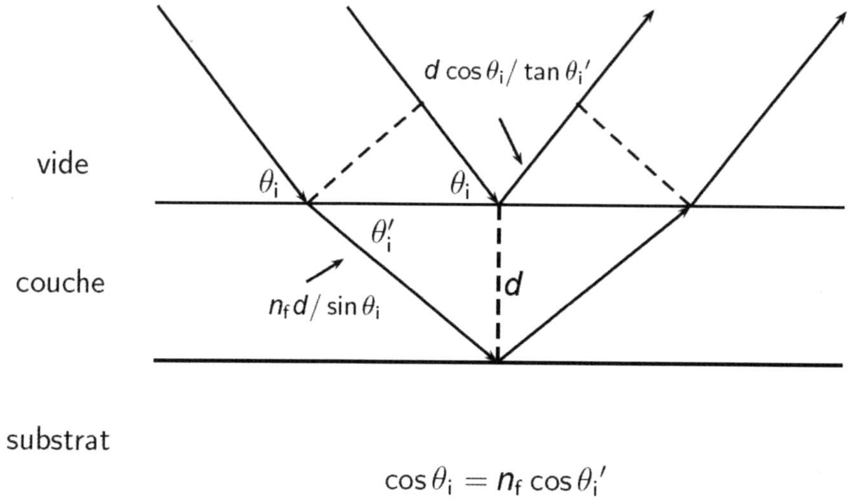

Figure 5. Schéma utilisé pour la détermination de la loi de Bragg étendue.

$$\sin^2\theta_i' = 1 - \frac{cos^2\theta_i}{n_f^2}, \tag{3}$$

tandis que l'angle critique est défini comme :

$$\cos\theta_c = n_f \Rightarrow \sin^2\theta_c = 1 - n_f. \tag{4}$$

$$\begin{aligned} \Delta &= A'O'B' - AOB = m\lambda = 2d\left(\frac{n_f}{\sin\theta_i'} - \frac{\cos\theta_i}{\tan\theta_i'}\right) \Rightarrow \\ \frac{m^2\lambda^2}{4d^2} &= \frac{n_f^2}{\sin^2\theta_i'}\left(1 - \frac{\cos^2\theta_i}{n_f^2}\right)^2 = n_f^2\left(1 - \frac{1-\sin^2\theta_i}{n_f^2}\right) \\ &= n_f^2 - 1 + \sin^2\theta_i = \sin^2\theta_i' - \sin^2\theta_c. \end{aligned} \tag{5}$$

Cette équation peut être réécrite dans sa forme finale :

$$\sin^2\theta_i = \frac{m^2\lambda^2}{4d^2} + \sin^2\theta_c = \frac{m^2\lambda^2}{4d^2} + \frac{\lambda^2 r_0\rho_e}{\pi} \tag{6}$$

où ρ_e est le rayon classique de l'électron. Pour des angles $\theta_i' \gg \theta_c$ le carré du sinus de l'angle critique peut être négligé par rapport au premier terme et nous finissons par la loi de Bragg usuelle :

$$2d\sin\theta = m\lambda. \tag{7}$$

La loi de Bragg est alors une forme limitée d'une forme représentée par l'équation (6). Il est à noter que cette équation ne donne que les positions des maxima, mais qu'elle ne dit rien sur l'intensité des maxima. Il est possible de développer les équations qui permettent de calculer l'intensité en fonction de l'angle incident. La différence

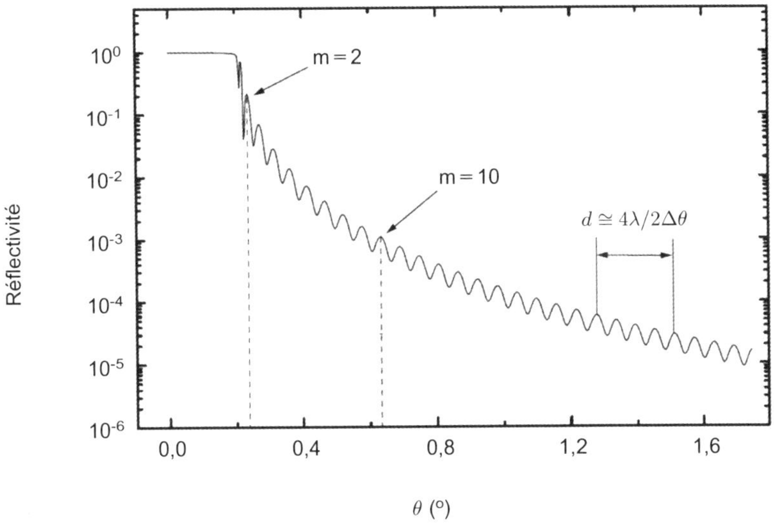

Figure 6. Courbe de réflectivité et ses franges.

majeure entre la réflectivité et la diffraction est que la fonction d'intensité est continue pour la réflectivité, tandis qu'elle est discontinue pour la diffraction. Ceci veut dire que l'intensité du signal de réflectivité reste finie entre les maxima et qu'elle devient strictement nulle entre les maxima (également appelés taches ou réflexions) du signal de diffraction. Cette distinction vient du fait physique qu'un cristal est considéré comme infiniment grand, tandis que le système substrat/film ne s'étend que de façon semi-infinie.

2.2. Courbes de réflectivité

L'allure d'une courbe de réflectivité peut maintenant être esquissée. En dessous d'un certain angle critique qui est donné par l'équation (4), la réflectivité est totale. Il est usance de diviser le nombre de photons détecté par le nombre de photons incidents ; la réflectivité en dessous de l'angle critique est par conséquent égale à 1. Au-delà, les photons pénètrent dans la couche et le flux détecté chute brutalement. La loi de Bragg étendue (*cf.* équation [6]) prédit néanmoins des maxima d'intensité pour certains angles (et bien évidemment des minima d'intensité). On voit apparaître alors des franges d'interférence (fig. 6) où m est l'indice de la frange. L'écartement des franges, $\Delta\theta$, donne une estimation de l'épaisseur de la couche ; en prenant l'écartement entre plusieurs franges une meilleure estimation de l'épaisseur peut être obtenue : $d \approx \Delta m\lambda/2\Delta\theta$. Une autre méthode consiste à faire un graphique dans lequel on trace $\sin^2\theta$ en fonction de m^2. La pente donne $\lambda^2/4d^2$ et par conséquent l'épaisseur, tandis que l'ordonnée à l'origine, $\lambda^2 r_0\rho_e/\pi$, donne la densité électronique ρ_e (voir fig. 7).

L'angle critique est directement relié à la densité électronique (*cf.* équations [1] et [4]) :

$$\theta_c = \sqrt{\frac{\lambda^2 r_0}{\pi}\rho_e}, \tag{8}$$

ce qui fait que le seuil de la réflexion totale se déplace vers la droite, quand la couche devient plus dense (fig. 8). Il est à noter que dans cette figure et les figures suivantes l'axe angulaire est représenté en unités de $k = 2\pi \sin / \lambda$.

L'influence de l'épaisseur est illustrée dans la figure 9 : l'écartement entre les franges de-vient plus serré en augmentant l'épaisseur de la couche. Ceci a pour conséquence qu'il existe une épaisseur maximale qui peut être détectée par réflectométrie. Cette valeur maximale dé-pend principalement de la résolution angulaire du réflectomètre : pour les appareils de laboratoire elle se situe entre 300 et 450 nm. Au-delà les franges individuelles ne peuvent plus être résolues. Il existe également une valeur minimale qui peut être déterminée. En diminuant l'épaisseur de la couche les franges s'étendent et ne sont plus visibles dans le domaine angulaire de l'expérience. L'épaisseur minimale se situe entre 2 et 5 nm, dépendant notamment du contraste électronique entre couche et substrat et la rugosité de la surface. L'épaisseur minimale détectable devient plus petite quand le contraste est plus fort et la surface plus lisse.

L'influence de l'absorption des photons dans le matériau est surtout visible autour de l'angle critique. Pour une couche qui est moins dense que le substrat on peut en effet constater que deux angles critiques apparaissent (fig. 10). Ceci est entièrement dû à l'absorption des photons dans la couche. Le faisceau est totalement réfléchi en dessous de l'angle critique pour la couche $\theta_{c,f}$ qui est plus petit que l'angle critique

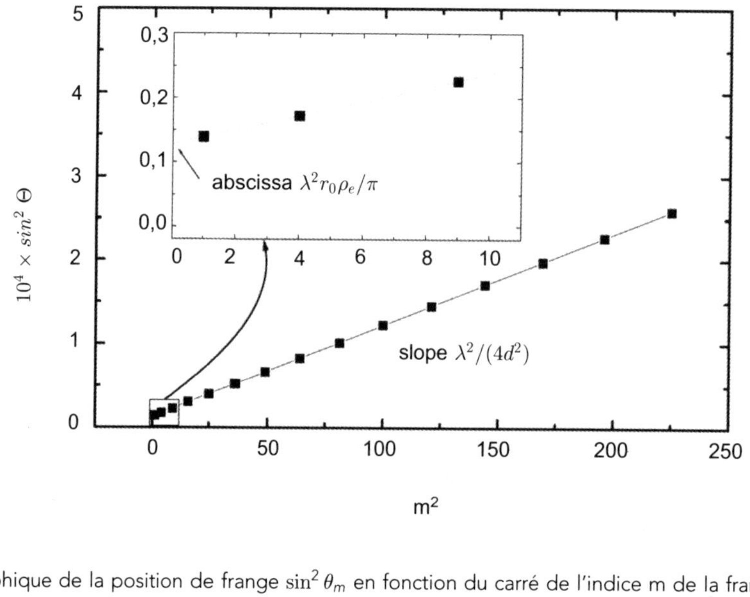

Figure 7. Graphique de la position de frange $\sin^2\theta_m$ en fonction du carré de l'indice m de la frange m^2.

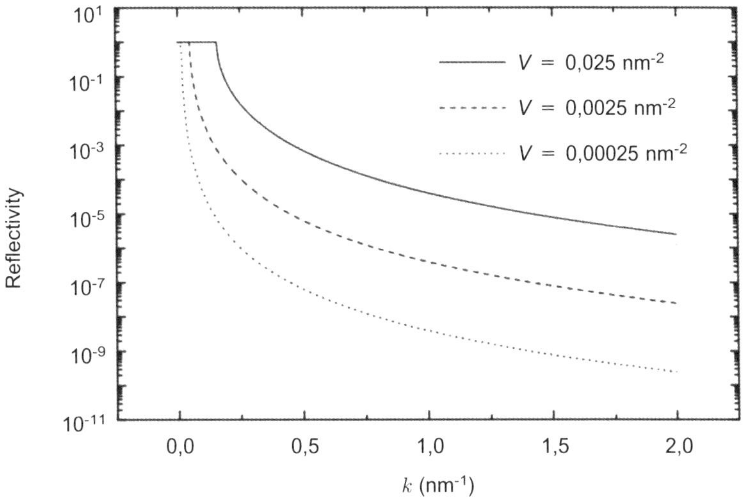

Figure 8. Influence de la densité sur le seuil de la réflexion totale. La densité est exprimée en unités (nm^{-2}) du potentiel de diffusion.

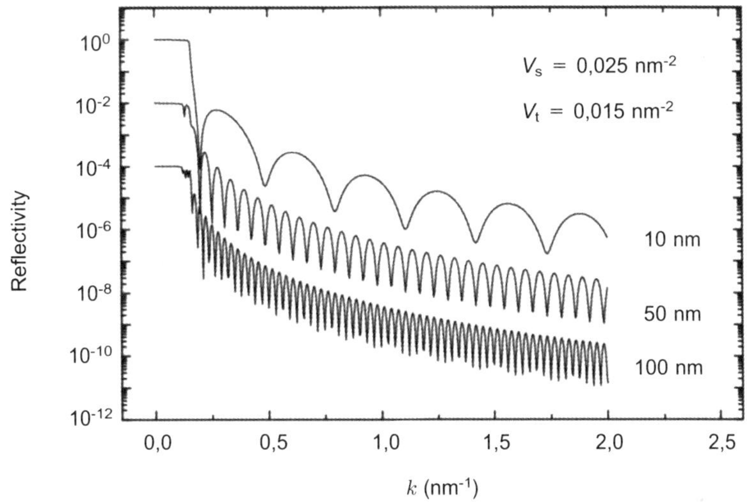

Figure 9. Influence de l'épaisseur de la couche sur l'écartement des franges.

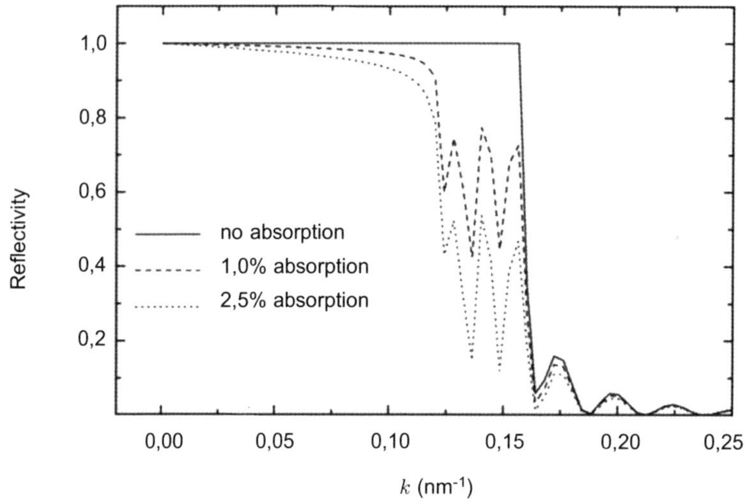

Figure 10. Influence de l'absorption sur la réflectivité d'une couche de 100 nm sur un substrat.

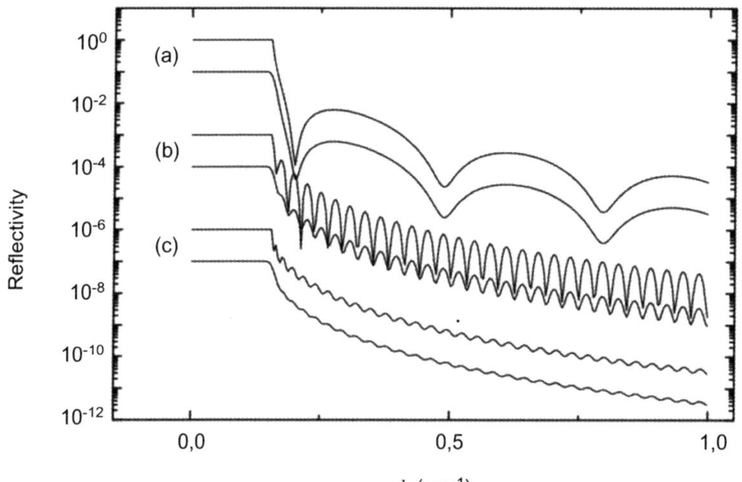

Figure 11. Effet du lissage par une fonction gaussienne.
(a) $V_s = 0,025\ nm^{-2}$, $V_f = 0,015\ nm^{-2}$, $d = 10\ nm$; (b) $V_s = 0,025\ nm^{-2}$, $V_f = 0,015\ nm^{-2}$, $d = 100\ nm$;
(c) $V_s = 0,025\ nm^{-2}$, $V_f = 0,023\ nm^{-2}$, $d = 100\ nm$.
La courbe en haut est la réflectivité non-convoluée, tandis que la courbe en bas est la courbe convoluée.

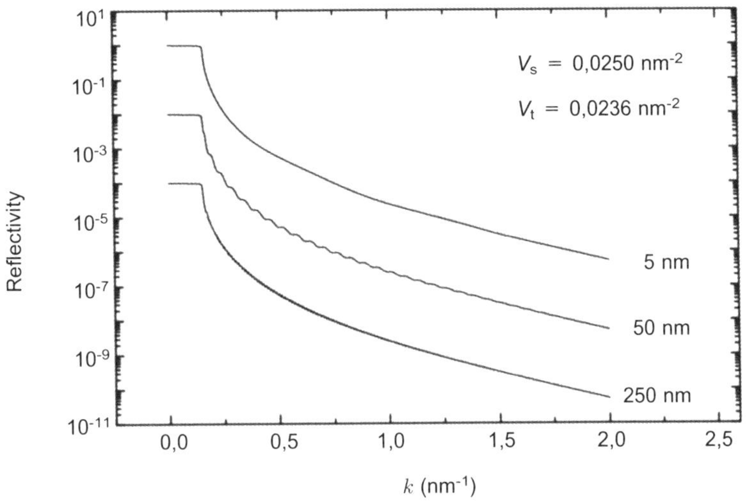

Figure 12. Effet du contraste pour la réflectivité d'une couche de silice sur silicium.

pour le substrat $\theta_{c,s}$, parce que la couche est moins dense que le substrat. Pour les angles $\theta_{c,f}\theta_i\theta_{c,s}$ les photons pénètrent dans la couche mais sont tous réfléchis à l'interface entre la couche et le substrat. Un certain nombre est néanmoins absorbé dans la couche et ne peut pas être détecté, ce qui fait chuter l'intensité enregistrée. Au-delà du deuxième angle critique $(\theta_i\theta_{c,s})$ les photons pénètrent également dans le substrat et l'intensité enregistrée chute plus vite. La chute de l'intensité pour les angles intermédiaires $(\theta_{c,f}\theta_i\theta_{c,s})$ est donc directement reliée au coefficient d'absorption du matériau.

La courbe de réflectivité théorique est en réalité convoluée par une fonction gaussienne qui comprend plusieurs contributions ; la divergence verticale et horizontale du faisceau et les inhomogénéités latérales dans la couche « lissent » la courbe théorique et font diminuer les amplitudes des franges. Ceci est plutôt visible pour les couches de grande épaisseur. La figure 11 montre qu'il n'y a guère de différence entre les courbes simulées avec et sans lissage pour une couche de 10 nm (a), mais que l'effet devient marqué quand l'épaisseur passe à 100 nm (b). Quand le contraste diminue entre substrat et couche le lissage fait presque disparaître les franges (c).

La figure 12 montre mieux l'effet du contraste pour le cas d'une couche de silice (2,20 gcm^{-3}) sur un substrat de silicium (2,33 gcm^{-3}). Les franges d'une couche de 5 nm ne sont pas visibles dans le domaine angulaire considéré (a), parce qu'elles sont trop écartées. L'épaisseur d'une couche de 50 nm peut être déterminée, parce que les franges apparaissent dans la courbe de réflectivité (b). Elles disparaissent pour une couche de 250 nm, à cause des effets de lissage par la convolution gaussienne.

Les effets de la rugosité surfaciale et interfaciale sont montrés dans la figure 13. La rugosité surfaciale fait descendre la courbe plus vite, tandis que la rugosité à l'interface

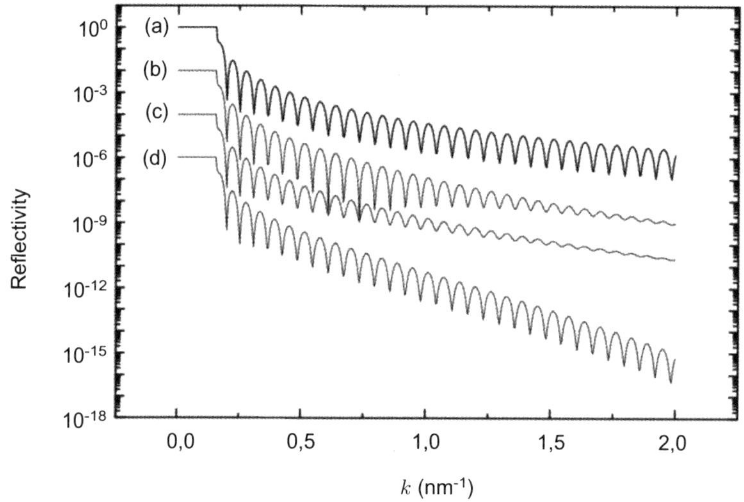

Figure 13. Effet de rugosité sur la réflectivité d'une couche de 50 nm sur un substrat. $V_f = 0,015\ nm^{-2}$ sur un substrat $V_s = 0,025\ nm^{-2}$. Paramètres (avec ρ_1 la rugosité surfaciale et ρ_2 la rugosité interfaciale) : (a) $\rho_1 = 0,0\ nm$, $\rho_2 = 0,0\ nm$; (b) $\rho_1 = 0,7\ nm$, $\rho_2 = 0,3\ nm$; (c) $\rho_1 = 0,3\ nm$, $\rho_2 = 0,7\ nm$; (d) $\rho_1 = 0,7\ nm$, $\rho_2 = 0,7\ nm$.

substrat/couche a tendance à lisser la courbe pour les grands angles. Quand les deux rugosités sont identiques (d), il y a un effet de corrélation qui fait que la courbe descend rapidement mais qu'elle n'est pas lissée.

3. Études expérimentales

3.1. Détermination de la densité massique des couches organosiliciées

La méthode de dépôt PECVD est utilisée pour synthétiser à partir des précurseurs organosiliciés comme les silanes et les siloxanes des couches minces possédant des propriétés spécifiques. En variant la valeur de la masse molaire du monomère M et les valeurs des paramètres du plasma comme la puissance W, la pression P et le débit gazeux F, on peut changer le caractère chimique de la couche ayant une composition $SiO_xC_yH_z$ d'une phase organique/polymère à une phase inorganique qui ressemble beaucoup à la silice amorphe. Ces changements sont reflétés dans des modifications des propriétés comme la constante diélectrique, la perméation gazeuse, etc.

Un paramètre clé de la caractérisation structurale de ces couches est la densité massique. La densité massique est un indicateur précis du caractère polymère ou inorganique de la couche ; elle peut être déterminée par plusieurs méthodes, mais elles ne sont très souvent pas très précises et détruisent la couche. La réflectométrie est en revanche une technique rapide, précise et non-destructive qui permet de déterminer la densité *électronique* de la couche. À partir de la densité électronique on peut remonter à la densité *massique* à la condition que l'on connaisse la composition chimique de la couche. Cette composition chimique n'est en général pas connue, il faut donc utiliser d'autres techniques pour trouver au moins les coefficients x et y dans $SiO_xC_yH_z$. Il est montré dans ce paragraphe comment la densité massique peut être estimée avec le plus de précision possible [14].

L'indice de réfraction $n(z)$ (*cf.* équation [1]) peut être réécrit en introduisant la densité massique $\rho m(z)$:

$$\begin{aligned} n(z) &= 1.0 - \frac{2\pi r_0}{k_0^2}\rho_e(z) = 1.0 - \frac{2\pi r_0}{k_0^2} N_A \rho_m(z) \frac{\sum c_j(Z_j + f_j^{'} - i f_j^{''})}{\sum c_j A_j} \\ &= 1 - \frac{2\pi r_0}{k_0^2} N_A \rho_m K = 1.0 - \delta(z) + i\beta(z) \end{aligned} \tag{9}$$

où N_A est le nombre d'Avogadro, Z_j est le nombre atomique, A_j le poids atomique, $f_j^{'}$ et $f_j^{''}$ les coefficients de dispersion réels et imaginaires, et finalement c_j le nombre d'entités j dans la formule chimique. Le coefficient K est le porteur de l'information chimique. Il est à noter que sa valeur est très proche de 0,50 pour les couches contenant des éléments légers sans ou avec peu d'hydrogène. Dans ce cas la densité massique peut être estimée sans information chimique :

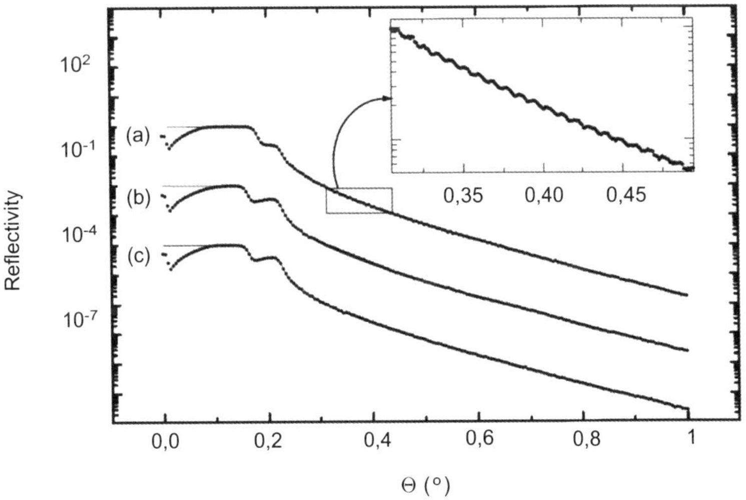

Figure 14. Les données expérimentales (●) avec la courbe simulée (trait continu) des échantillons M2H (a), M2D (b) et M2A (c), sur une échelle logarithmique. Le zoom montre les franges d'interférence d'une couche de 437 nm de M2H.

$$\rho_m \approx \frac{2\pi\theta_c^2}{\lambda^2 N_A r_0} \tag{10}$$

En supposant que les couches sont homogènes et qu'il n'y a par conséquent pas de variation en z, on peut diviser les expressions pour δ_f et β_f (équation [9]) pour obtenir la relation suivante pour le contenu c_C en carbone en fonction du contenu en oxygène c_O (et en supposant que le nombre d'atomes d'hydrogène est x_H fois le nombre d'atomes de carbone) :

$$c_C = \frac{\delta_f f''_O - \beta_f(Z_O + f'_O)}{\beta_f(Z_C + f'_C) + x_H\beta_f(Z_H + f'_H) - \delta_f f''_c} c_O + \frac{\delta_f f''_{Si} - \beta_f(Z_{Si} + f'_{Si})}{\beta_f(Z_C + f'_C) + x_H\beta_f(Z_H + f'_H) - \delta_f f''_C}. \tag{11}$$

Δ_f et β_f sont les paramètres déterminés par la modélisation moindres carrés. L'équation (11) four-nit alors toutes les compositions en termes de c_C, c_O et x_H, ce qui donne le même accord entre données expérimentales et simulées. Si la composition n'est pas connue avec précision, on peut utiliser l'équation (11) pour dériver l'intervalle des valeurs ρ_m qui résulte de l'incertitude de la composition chimique. Les figures 14 et 15 montrent que l'accord entre la simulation et les données expérimentales est parfait. La figure 14 montre en particulier que l'hypothèse d'une couche homogène, c'est-à-dire une monocouche, est validée, parce qu'une seule couche est supposée lors de la modélisation. L'accord excellent autour de l'angle critique est important, parce que c'est ici que les paramètres δ_f et β_f influencent le plus l'allure de la courbe. L'intervalle de la densité massique qui est calculé en utilisant les équations (9) et (11) est montré dans la figure 16. Il est supposé que c_O varie entre 0,5 et 2,0 et x_H entre 2,0 et 3,0. Les valeurs sont tracées en fonction du paramètre composite $\xi = W/FM$ (énergie par unité de masse du précurseur). On s'aperçoit que les variations en densité massique sont faibles, malgré les grandes variations en concentration. On remarque également une transition d'une phase polymère/organique (mieux caractérisée par les techniques spectroscopiques) vers une phase inorganique possédant une densité comparable à celle de la silice (2,1 gcm^{-3}).

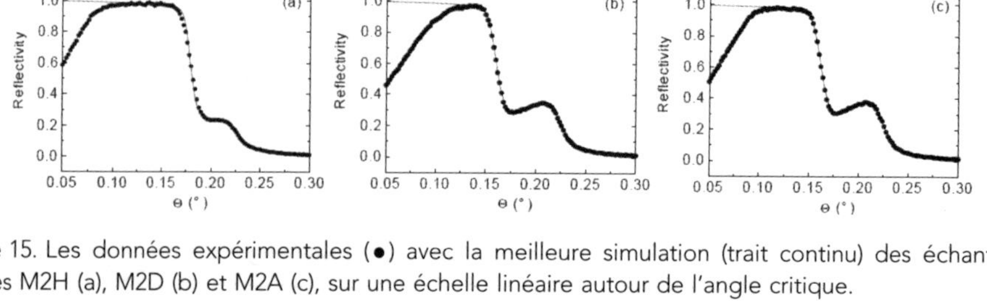

Figure 15. Les données expérimentales (•) avec la meilleure simulation (trait continu) des échantillons simples M2H (a), M2D (b) et M2A (c), sur une échelle linéaire autour de l'angle critique.

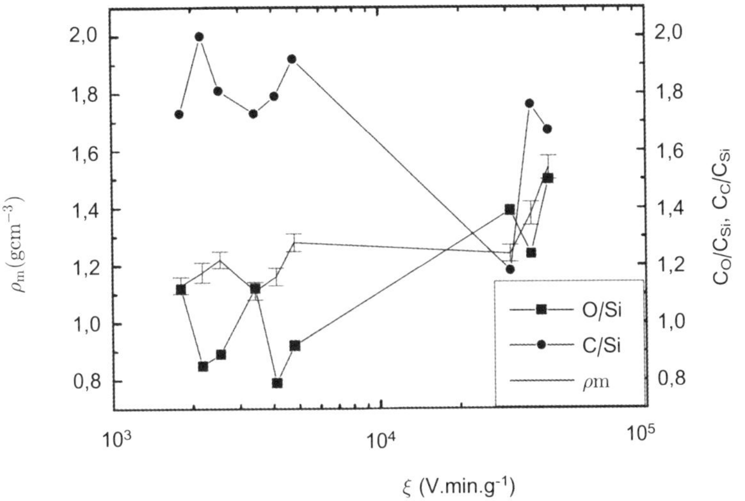

Figure 16. L'intervalle des densités massiques (longueur verticale des traits) en fonction du paramètre plasma ξ. Les concentrations en carbone et oxygène, déterminées par le XPS, sont également données.

3.2. Transformation des couches organosiliciées par traitement de plasma d'oxygène

Quand une couche organosiliciée $SiO_xC_yH_z$, déposée par PECVD à partir d'un précurseur HMDSO, est exposée à une plasma d'oxygène, elle est transformée en une couche dure de type SiO_x [15]. La figure 17 montre l'effet d'un tel traitement (ici 25 mTorr d'oxygène) sur la réflectivité : le décalage de l'angle critique de la courbe en bas par rapport à la courbe en haut montre que la couche se densifie de 1,14 gcm^{-3} à 1,90 gcm^{-3}. L'écartement entre les franges devient moins serré ce qui prouve que le film se contracte de 77,5 nm à 44,2 nm. Les dernières valeurs sont confirmées par une étude complémentaire par ellipsométrie, qui a montré également des changements importants de l'indice de réfraction indiquant un enlèvement quasi total de groupements CH_3. À partir de la densité avant le traitement et de l'hypothèse que tous les groupements CH_3 sont enlevés on peut calculer la densité après le traitement. La valeur trouvée (1,78 gcm^{-3}) est proche de la valeur déterminée (1,90 gcm^{-3}). La contraction de la couche se laisse expliquer par une gravure chimique de la couche (fig. 18).Il est estimé que la porosité dans la couche restante de SiOx est de l'ordre de 20% [16].

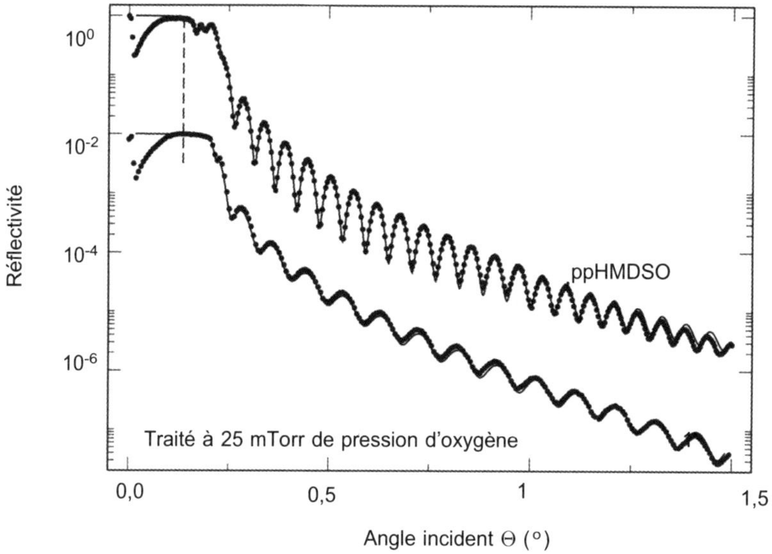

Figure 17. Réflectivité d'une couche ppHMDSO avant (haut) et après (bas) traitement de plasma d'oxygène. Les points expérimentaux sont donnés par de petits ronds et la simulation est le trait continu.

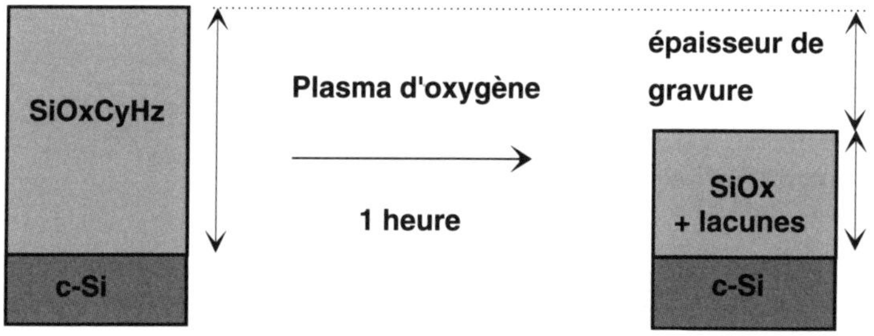

Figure 18. Schéma de la modification d'une couche organosiliciée par une traitement d'un plasma d'oxygène.

3.3. Réflectométrie des couches ultra-minces de HfO_2 déposées par ALD

L'industrie de la microélectronique a toujours été basée sur le silicium, matériau clé pour la fabrication des transistors MOS. La tendance a été de miniaturiser ces dispositifs fondamentaux, mais cette tendance rencontre actuellement ses limites physiques. Comme il n'est plus possible de diminuer l'épaisseur d'oxyde de grille dû aux courants de fuite trop importants, il faut augmenter la constante diélectrique k du diélectrique de grille, c'est-à-dire changer le matériau de base pour la fabrication des transistors

MOS, afin de maintenir un courant suffisamment grand. Il existe plusieurs matériaux possédant une constante diélectrique élevée (appelés les matériaux « high-k »), mais le choix du matériau est également limité par d'autres critères comme (entre autres) une densité de défauts de charge qui doit être très réduite ou un champ de claquage du même ordre que celui obtenu avec SiO_2. Ces conditions demandent un dépôt de quelques monocouches de silice avant le dépôt du diélectrique. Un bon choix pour le diélectrique même semble être HfO_2 qui possède une constante diélectrique k entre 20 et 25. La méthode qui est choisie pour déposer le diélectrique est l'Atomic Layer Deposition (ALD), pour laquelle les températures de procédé sont relativement basses (de l'ordre de 300 °C) et qui permet de contrôler l'épaisseur du dépôt avec beaucoup de précision. Comme dans le cas du dépôt par CVD, les réactifs sont introduits dans la chambre de réaction sous forme gazeuse, mais contrairement à la CVD, leur introduction se fait successivement et elle est séparée par des étapes de purge par un gaz inerte. Les différents réactifs ne peuvent alors pas réagir en phase gazeuse et le contrôle du dépôt se fait par la réaction chimique à la surface et non par la dose de réactif introduit. De cette manière, le procédé devient autolimitant et la croissance se fait couche atomique par couche atomique.

Parmi les techniques d'analyse de surface, la réflectométrie de rayons X est intéressante pour trouver de l'information structurale sur les interfaces enterrées. Les microscopies comme l'AFM et la STM n'ont accès qu'à la surface, tandis que dans le cas de la HfO_2 l'interface entre la silice native et le diélectrique est très importante d'un point de vue technologique. La mesure de la réflectométrie doit être poussée

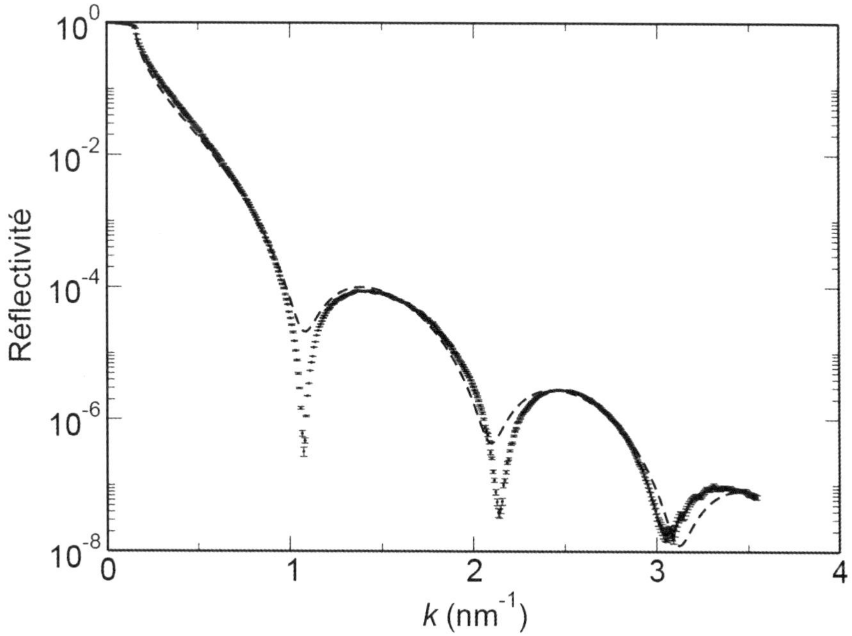

Figure 19. Réflectivité d'une couche de 30 Å de HfO_2 avec la simulation en trait discontinu supposant une monocouche de densité constante.

jusqu'au bout de ses possibilités, car il s'agit de couches ultra-minces, de l'ordre de 35 Å. L'analyse des données, quant à elle, demande une approche qui va plus loin que les approches classiques, car l'information structurale requise est extrêmement fine.

La figure 19 montre la réflectivité (durée de l'enregistrement environs 15 heures) d'une couche de 30 Å de HfO_2 avec une simulation qui suppose que la couche est homogène en profondeur. Les barres d'erreurs sur les points expérimentaux montrent que l'accord est loin d'être parfait, ce qui fait penser que l'hypothèse d'une couche homogène n'est pas correcte. Il est en effet nécessaire d'utiliser une approche qui permet de déduire des profils de densité des mesures expérimentales ([17]). La figure 20 montre le résultat d'une telle approche avancée, appelée la méthode DWBA (Distorted-Wave Born Approximation). Il est évident que l'accord entre mesure et simulation s'est amélioré par rapport à celui de la figure 19. Le profil de densité résultant de ce calcul est montré dans la figure 21, avec le profil supposant une monocouche de densité constante. On s'aperçoit que la couche est légèrement plus dense à l'interface enterrée, c'est-à-dire celle entre le diélectrique et la silice. La couche de silice elle-même ne peut pas être détectée, parce que le contraste entre cette couche et le substrat est trop faible d'un côté et il est trop fort entre le système Si/SiO_2 et la HfO_2 de l'autre côté.

Le profil résultant de la méthode DWBA, comme le montre la figure 20, pourrait être modélisé par un système de trois couches, mais un tel système ne pourrait être trouvé facilement si l'on ne savait pas qu'il existe *a priori*. En général, la méthode DWBA peut

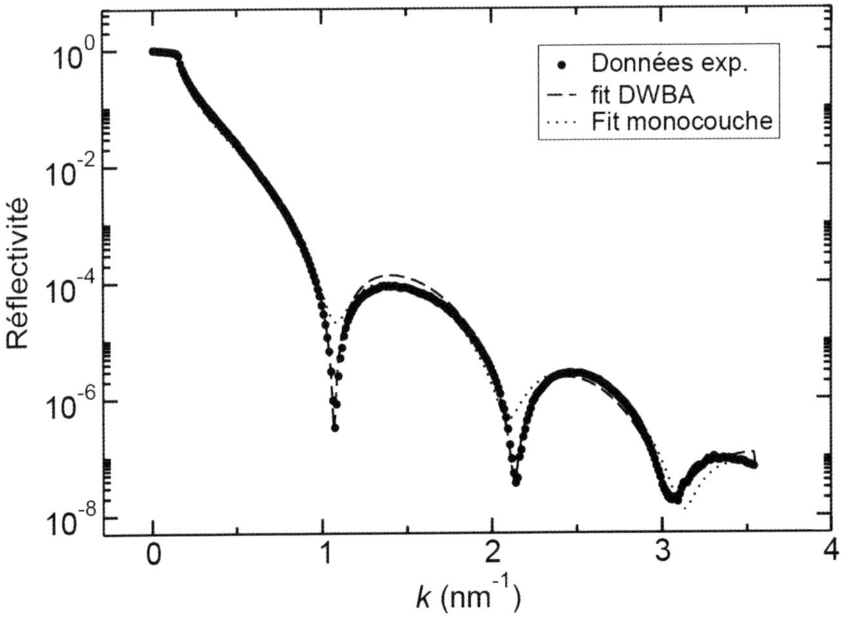

Figure 20. Réflectivité d'une couche de 30 Å de HfO_2 avec la simulation en trait discontinu utilisant la méthode DWBA.

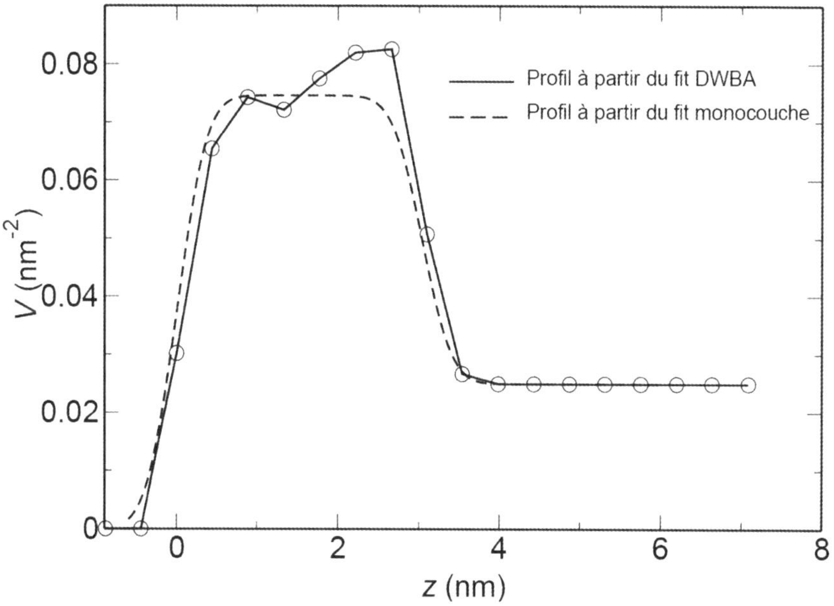

Figure 21. Profil de densité utilisé pour la courbe simulée dans la figure 20 (trait discontinu) et pour celle de la figure 19.

être utile pour trouver un modèle en plusieurs couches qui peut être fitté *a posteriori* par les méthodes traditionelles.

3.4. Application de la réflectométrie à l'analyse de la porosité des couches minces

3.4.1 Introduction

La caractérisation directe de la porosité des couches minces supportées est un problème complexe, en particulier si, en plus de la porosité totale, on souhaite accéder à d'autres don-nées telles que les fractions volumiques relatives des porosités ouverte et fermée, la distribution en taille des pores ou encore l'analyse profilométrique.

Les techniques mettant en jeu la physisorption isotherme d'un gaz sont en général bien adaptées pour l'étude des matériaux microporeux et mésoporeux. Cependant, la méthode conventionnelle de mesure volumétrique de la quantité de gaz adsorbé, utilisée avec succès dans le cas des poudres et des matériaux massifs, est difficilement applicable au cas des couches minces du fait de la très faible quantité de matériau poreux déposé. Il en est de même pour la méthode gravimétrique.

Une des approches choisies par l'Institut européen des membranes (IEM), pour la caractérisation de la porosité des couches minces est de coupler l'adsorption-désorption isotherme d'un gaz avec une mesure physique locale. Cette mesure doit permettre de remonter, via une modélisation ou des lois de mélange simples, aux fractions volumiques relatives de solide, de pores et de phase adsorbée. En collaboration avec d'autres laboratoires, l'IEM a déjà conduit des caractérisations de ce type. Avec le CEA Grenoble, des mesures d'ellipsométrie spectroscopique couplée à l'adsorption d'eau ou de vapeur organique ont permis de caractériser la porosité de couches transparentes hydrophiles ou hydrophobes, déposées sur des substrats plans. Dans ce cas, l'indice du substrat doit être suffisamment différent de celui de la couche. Avec le Laboratoire de physique des solides (université Paris-Sud, Orsay), des mesures de diffraction des rayons X couplée à l'adsorption d'azote ont permis d'analyser la porosité de couches à mésoporosité ordonnée.

La différence principale entre l'utilisation de l'ellipsométrie et de la réflectométrie de rayons X pour l'analyse de la porosité des couches minces est que la dernière technique permet de remonter directement à la quantité de vapeur absorbée, tandis que cette quantité n'est liée qu'indirectement à l'indice optique mesuré par l'ellipsométrie. On mesure par la réflectométrie de rayons X la densité électronique ρ_e de la couche ; en cas d'absorption d'une vapeur on peut par conséquent mesurer le changement de la densité électronique $\Delta\rho_e$ en fonction de la pression partielle de la vapeur p/p_0. Le changement de la densité massique $\Delta\rho_m(p/p_0)$ est donné par :

$$\Delta\rho_m(p/p_0) = \Delta\rho_e(p/p_0)\sum c_jA_j/(N_A\sum c_jZ_j) \qquad (12)$$

où NA est le nombre d'Avogadro, A_j le poids atomique, Z_j le nombre atomique de l'élément j du solvant. Par exemple, pour $H_2O\sum c_jA_j/\sum c_jZ_j = (16+2,1)/(8+2,1) = 18/10$. Si l'épaisseur de la couche est égale à d, éventuellement dépendant de la pression partielle, $d(p/p_0)$, et l'aire de la surface A, la masse adsorbée peut être écrite comme

$$m_{\text{adsorb}}(p/p_0) = \Delta\rho_m(p/p_0)^*d(p/p_0)^*A. \qquad (13)$$

Le volume adsorbé suit en divisant la masse adsorbée par la densité de la vapeur ρ_{vap}. On constate qu'il existe une relation linéaire entre $\Delta\rho_e$, le paramètre déterminé

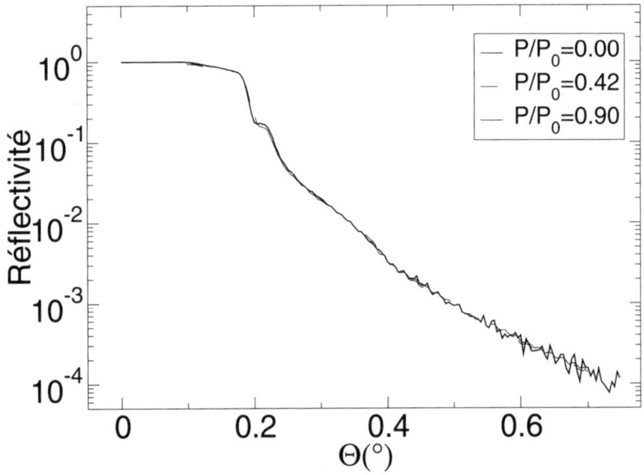

Figure 22. Réflectivité de la couche de silice en fonction de la pression partielle de l'eau.

par la mesure de réflectométrie et le volume adsorbé. Le volume adsorbé est normalement tracé en fonction du rayon de pore r_{pore}, étant la somme du rayon de Kelvin et l'épaisseur de la couche physisorbée de la vapeur. La distribution en diamètres de pore est obtenue en dérivant la courbe du volume absorbé en fonction du rayon de pore r_{pore}. Cette distribution peut par conséquent directement être obtenue en dérivant la courbe de $\Delta\rho_e(p/p_0)$ en fonction de r_{pore}. Le rayon de pore est déterminé en considérant que la loi de Kelvin est applicable : il est alors la somme du rayon de Kelvin r_k déterminé à partir de l'isotherme, augmenté de l'épaisseur de la couche d'eau physisorbée à la surface du pore, t [18].L'utilisation de la réflectométrie de rayons X ou neutrons pour l'analyse de l'adsorption et désorption des vapeurs par des couches minces est un développement très récent. Seulement quelques applications ont parues dans la littérature, issues de quatre laboratoires différents [19-27].

3.4.2 Distribution unimodale en taille des pores

Le premier échantillon étudié est une silice mésoporeuse (ppM2) d'environ 400 nm, déposée par plasma PECVD sur un substrat de silicium. Les mesures de réflectométrie sont assez délicate· parce que les modifications en fonction de la pression partielle de vapeur, ici l'eau, sont très petites. À chaque mesure, le calibrage de l'échantillon doit être revérifié, c'est-à-dire, la hauteur dans le goniomètre, mais également l'intensité du faisceau direct qui varie avec le taux de vapeur dans la cellule. La figure 22 montre la réflectivité de l'échantillon à trois valeurs différentes de la pression partielle de l'eau sur la branche de l'adsorption. Pour mieux apprécier les petites modifications la figure 23 montre la même réflectivité, mais agrandie et sur échelle linéaire autour de l'angle critique. On s'aperçoit que la variation de l'angle critique tout au long de la branche d'adsorption n'est pas plus grande que 0,005 degrés. Traduit en termes de densité électronique ceci équivaut à 0,02 eÅ^{-3}. La figure 24 donne les branches d'adsorption

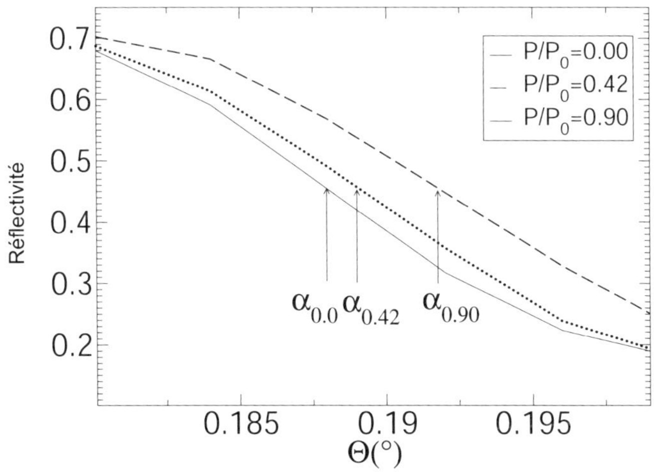

Figure 23. Réflectivité de la couche de silice en fonction de la pression partielle de l'eau ; agrandissement de la figure 22.

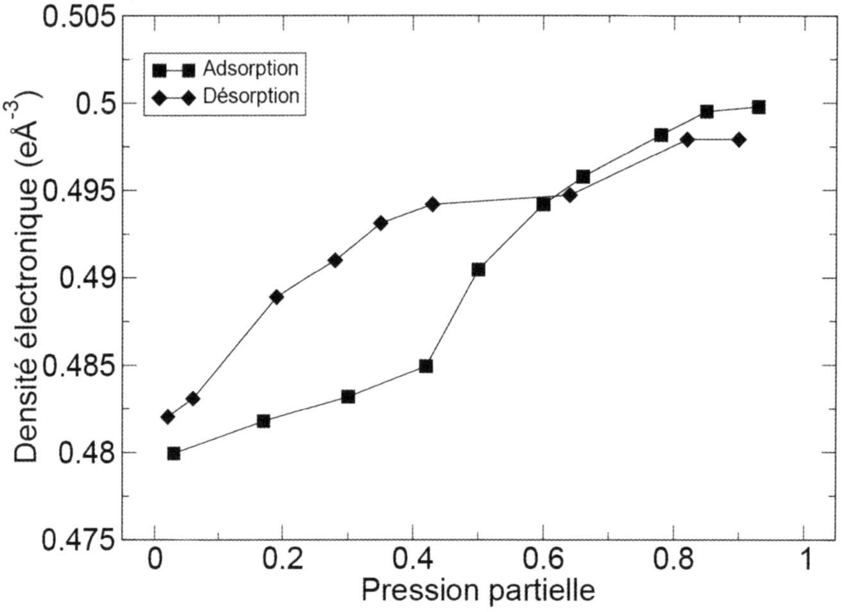

Figure 24. Changement de la densité électronique en fonction de la pression partielle de l'eau.

et désorption en termes de densité électronique pour cette couche ppM2. La distribution en taille des pores qui en est déduite est montrée dans la figure 25. Elle montre une distribution assez étroite centrée autour de 45 Å.

3.4.3 Distribution bimodale en taille des pores

Le deuxième échantillon étudié concerne une « silice rugueuse » élaborée à la société Saint-Gobain. La densité de la couche sous vide est de 1,923 gcm^{-3}. À la pression saturante de l'eau, sa densité est de 1,973 gcm^{-3}. L'épaisseur de la couche est de 460 Å. La porosité totale a pu être estimée à 13% à partir de l'acquisition réalisée sous vide et en supposant un squelette de silice de densité 2,20 gm^{-3}. À la pression saturante, la porosité est de 5%. Ceci correspond à la porosité non accessible aux molécules d'eau. L'isotherme d'adsorption et de désorption de la vapeur d'eau est représentée sur la figure 26. La quantité d'eau qui a été (ad)désorbée est représentée par le volume (ad)désorbé par unité d'aire. Étant donné que la surface de l'échantillon est de 4*4 cm2, le volume maximal adsorbé d'eau est de 320.10^{-8} cm^3. L'isotherme est marqué par un double saut à une pression relative de 0,3 et 0,5 respectivement. Ceci peut être attribué à la condensation capillaire dans deux familles de pores de taille différente.

La surface spécifique peut être estimée à l'aide de la théorie BET [28] :

$$S_{BET} = \frac{\sigma}{v} \frac{V_{BET}}{m_{\text{couche}}} \tag{14}$$

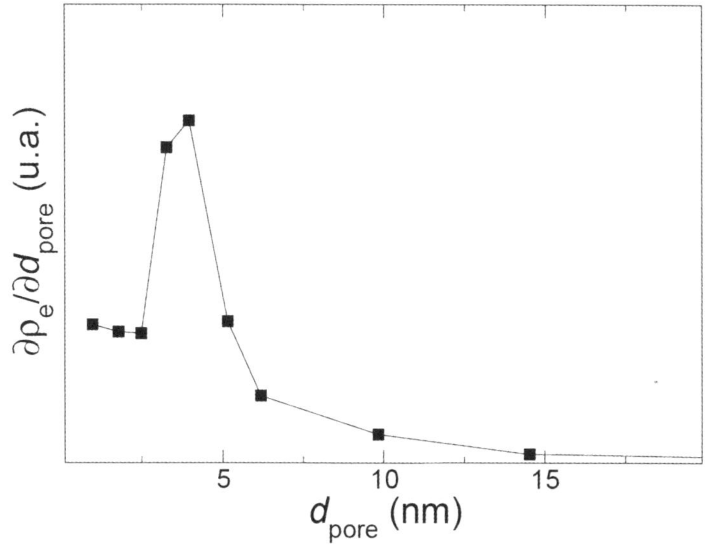

Figure 25. Distribution en taille des pores pour la silice mésoporeuse ppM2.

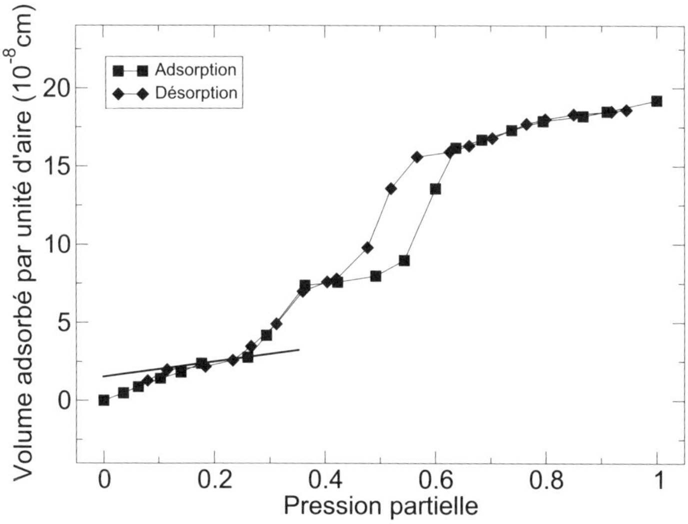

Figure 26. Volume absorbé par unité d'aire pour la couche de silice rugueuse.

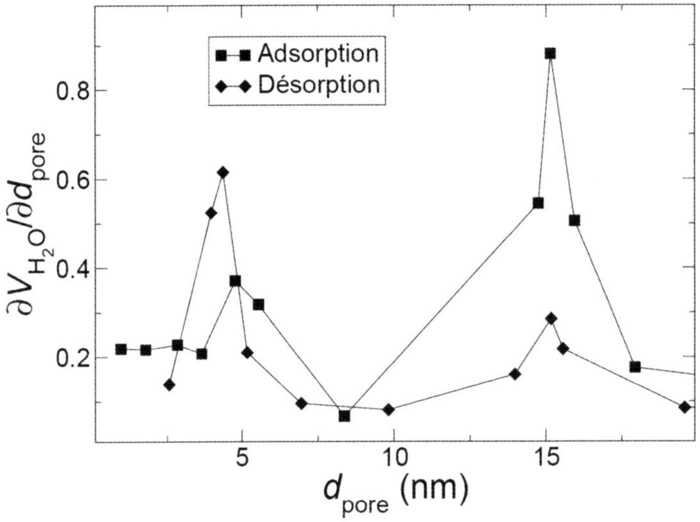

Figure 27. Distribution en taille des pores pour la couche de silice rugueuse.

où σ est l'aire moléculaire ; pour l'eau elle est considérée égale à 12,5 Å^2. ν est le volume de liquide occupé par 1 molécule d'adsorbat : $18,0 \times 10^{-6} m^3/6,02 \times 10^{-23} = 3 \times 10^{-29}\ m^{-3}$. Le volume de gaz V_{BET} nécessaire pour former une monocouche est estimé par le début de la partie quasi linéaire de l'isotherme d'adsorption. Il est égal à la masse adsorbé madsorb (équation 13) divisée par la densité du solvant ρ_{solv}. La masse analysée m_{couche} peut être estimée en utilisant la densité apparente de l'échantillon sous vide ($\rho_{couche} = 1,923\ gcm^{-3}$). L'équation 14 se réécrit donc de la façon suivante :

$$S_{\text{BET}} = \frac{\sigma}{v}\frac{V_{\text{BET}}}{m_{\text{couche}}} = \frac{\sigma}{v}\frac{m_{\text{adsorb}}}{\rho_{\text{solv}}}\frac{1}{Ad\rho_{\text{couche}}} = \frac{\sigma}{v}\frac{ad\Delta\rho_m}{\rho_{\text{solv}}Adm_{\text{couche}}} = \frac{\sigma}{v}\frac{\Delta\rho_m}{\rho_{\text{solv}}\rho_{\text{couche}}} \qquad (15)$$

où A et d sont l'aire et l'épaisseur de la couche ; $\Delta\rho_m = 0,024\ gcm^{-3}$. La surface spécifique pour cette couche peut donc être estimée à environ 52 m^{2}g^{-1}.

La distribution en taille des pores est montrée dans la figure 27. On voit effectivement apparaître une double porosité ; une première gamme de pores se situe à un diamètre moyen de 15 nm. Une deuxième gamme de porosité se situe vers 4,5-5 nm. Cette double porosité est en accord avec la voie de synthèse des couches.

Remerciements

La rédaction de ce texte et les mesures qui y sont abordées ont été rendues possibles grâce à J. Durand, A. Ayral, S. Roualdes, V. Rouessac, M. Klotz, D. Rébiscoul, J.-N. Hubert, et C. Bertrand.

Références bibliographiques

Le seul livre sur la réflectométrie est celui de Daillant et Gibaud ([10]) ; la théorie est particulièrement bien expliquée dans [5] et dans un contexte très physique (et excellent !) dans [13]. Les références [7] et [11] donnent beaucoup d'exemples expérimentaux.

[1] PENFOLD J., *Physica*, B 173, 1991, 1.

[2] ALS-NIELSEN J., JACQUEMIN D., KJAER K., LEVEILLER F., LAHAV M. et LEISEROWITZ L., *Phys. Rep.*, 246, 1994, 251.

[3] HAMLEY I. W. et PEDERSEN J. S., *J. Appl. Crystallogr.*, 27, 1994, 29.

[4] PEDERSEN J. S. et HAMLEY I. W., *J. Appl. Crystallogr.*, 27, 1994, 36.

[5] ZHOU X. L. et CHEN S. H., *Phys. Rep.*, 257, 1995, 223.

[6] LU J. R., LEE E. M. et THOMAS R. K., *Acta Cryst.*, A 52, 1996, 11.

[7] CHASON E. et MAYER T. M., *Crit. Rev. Sol. State and Mat. Sci.*, 22, 1997, 1.

[8] TOLAN M. et PRESS W., *Z. Kristallogr*, 13, 1998, 213.

[9] LOVELL M. R. et ROBERTSON R. M., *Curr. Opin. Colloid Interface Sci.*, 4, 1999, 197.

[10] DAILLANT J. et GIBAUD A. (eds)., "X-ray and Neutron Reflectivity: Principles and Applications", *Lecture notes in Physics*, Springer Berlin, 1999.

[11] DAILLANT J. et ALBA A., *Rep. Progr. Phys.*, 63, 2000, 1725.

[12] VAN DER LEE A., *Solid State Sciences*, 2, 2000, 257.

[13] ALS-NIELSEN J. et MCMORROW D., "Elements of Modern X-ray Physics", *Wiley*, 2001.

[14] VAN DER LEE A., ROUALDES S., BERJOAN R. et DURAND J., *Appl. Surf. Science*, 173, 2001, 115.

[15] VALLÉE C., GRANIER A., AUMAILLE K., CARDINAUD C., GOULLET A., COULON N. et TURBAN G., *Appl. Surf. Science*, 138-139, 1999, 57.

[16] BORVON G., BOUSQUET A., GOULLET A., GRANIER A., VAN DER LEE A. et ROUESSAC V., Congrès International sur les Plasmas (CIP 2003), 29 juin-3 juillet 2003, Antibes, France.

[17] VAN DER LEE A., DURAND J., BLIN D., HOLLIGER Ph. et MARTIN F., *Eur. Phys. J.*, B 39, 2004, 273.

[18] HAGYMASSY J., BRUNAUER S. et MIKHAIL R. Sh., *J. of Coll. Interface Sci.*, 29, 1969, 485.

[19] MIYAZAKI T., SHIMAZU A., MATSUSHITA T. et IKEDA K.-I., *J. Appl. Pol. Sci.*, 78, 2000, 1818.

[20] MIYAZAKI T., SHIMAZU A. et IKEDA K. I., *Polymer*, 41, 2000, 8167.

[21] LEE H. J., SOLES C. L., LIU D. W., BAUER B. J. et WU W. L., *J. Polymer Sci. B : Polymer Phys.*, 40, 2002, 2170.

[22] MIYAZAKI T., SHIMAZU A., IKEDA K.-I. et KANAYA T., *Polymer*, 44, 2003, 1153.

[23] HEDDEN R. C., LEE H. J., SOLES C. L. et BAUER B. J., *Langmuir*, 20, 2004, 6658.

[24] VOGT B. D., PAI R. A., LEE H. J., HEDDEN R. C., SOLES C. L., WU W. L., LIN E. K., BAUER B. J. et WATKINS J. J., *Chem. Mater.*, 17, 2005, 1398.

[25] VOGT B. D., SOLES C. L., LEE H. J., LIN E. K. et WU W. L., *Polymer*, 46, 2006, 1635.

[26] KLOTZ M., ROUESSAC V., RÉBISCOUL D., AYRAL A. and VAN DER LEE A., *Thin Solid Films* 495, 2006, 214.

[27] DOURDAIN S., MEHDI A., BARDEAU J. F. and GIBAUD A., *Thin Solid Films*, 495, 2006, 205.

[28] ROUQUEROL F., ROUQUEROL J. et SING K., *Adsorption by Powders and Porous Solids, Principles, Methodology and Applications*, Academic Press, 1999.

Chapitre 5

La réflectivité de neutrons

F. COUSIN, A. MENELLE

1. Introduction

La réflectivité de neutrons est une technique permettant de mesurer les épaisseurs et la composition chimique d'une ou de plusieurs couches minces sur une surface. Les épaisseurs caractéristiques mesurables lors d'une expérience sont comprises entre 1 nm et quelques centaines de nm. Le principe, très similaire à la réflectivité des rayons X, consiste à mesurer le coefficient de réflexion R d'un faisceau de neutrons envoyé en incidence rasante sur la surface que l'on désire étudier.

La brillance des faisceaux de neutrons disponibles à l'heure actuelle étant beaucoup plus faible que la brillance de faisceaux de rayons X, la réflectivité minimale mesurable en neutrons (de l'ordre de 10^{-6} à 10^{-7} pour les meilleurs appareils sur des échantillons de quelques cm^2, 10^{-8} pour des échantillons de quelques centaines de cm^2 très difficiles à réaliser expérimentalement), est bien plus élevée que la réflectivité mesurable en rayons X (10^{-10} à 10^{-12}). La résolution spatiale lors de la mesure étant liée à cette réflectivité minimale, des mesures de réflectivité X, plus précises et accessibles sur des appareils de laboratoire, sont préférables à des mesures neutrons dans de nombreux cas expérimentaux. Les neutrons possèdent néanmoins des spécificités par rapport aux rayons X permettant des mesures irréalisables en X, essentiellement dans les domaines de la **matière molle** et du **magnétisme**. Ces spécificités ont rendu les mesures de réflectivité neutrons extrêmement populaires dans ces domaines depuis le début des années 1990.

La première de ces spécificités concerne **l'interaction neutron-matière**. Cette interaction **a lieu directement entre le neutron et le noyau atomique**, et non le nuage électronique pour les rayons X. Elle est de très courte portée et est généralement représentée par un pseudo-potentiel de Fermi ponctuel et centré sur l'atome. En conséquence, cette **interaction dépendra non seulement de l'élément du tableau périodique sondé comme pour les rayons X, mais aussi du type d'atome (différente d'un isotope à l'autre)**. L'amplitude de cette interaction neutron-matière (longueur de diffusion cohérente) est tabulée et varie aléatoirement d'un atome à l'autre. Elle est généralement attractive mais peut être répulsive dans quelques cas et est donc caractérisée par un chiffre positif ou négatif. Ceci est différent des rayons X où elle dépend du nombre d'électrons qui est toujours positif. Le tableau 1 présente les valeurs de quelques éléments du tableau périodique.

Il apparaît que la valeur de l'hydrogène ^{1}H est de signe opposé et très différente des atomes légers constituants les molécules organiques (C, O, N...) et, *last but not least*, du deutérium ^{2}H. Ceci permet de réaliser avec les neutrons des expériences impliquant des molécules organiques car l'amplitude de l'interaction d'une telle molécule avec un neutron (moyennée sur tous ses atomes), et donc son indice de réfraction neutronique, est essentiellement dépendante du nombre d'atomes d'hydrogène qu'elle comporte. En particulier, le remplacement de tout ou partie des atomes d'hydrogène par des atomes de deutérium d'une molécule modifiera de façon importante son indice de réfraction sans changer ses propriétés physiques[1]. Par exemple, un polymère dont l'unité de répétition comporte un cycle aromatique comme le polystyrène aura un très bon contraste avec un solvant constitué de cycles aromatiques comme le benzène si ce dernier est deuteré. Par ailleurs, il est possible de modifier continûment l'indice de réfraction neutronique d'un solvant dans un système complexe en réalisant des mélanges de solvants hydrogénés et deutérés pour éteindre un de ses composants (technique de variation de contraste). De telles techniques, impossibles à mettre en œuvre avec des rayons X, ont permis de grandes avancées en matière molle dans le domaine des polymères [1] et sont maintenant appliquées sur des systèmes biologiques [2]. L'importance du contraste neutronique ne se limite cependant pas à des applications de type matière molle, car il peut se révéler utile dans d'autres domaines comme l'étude des couches d'oxyde par exemple du fait de la grande longueur de diffusion de l'oxygène.

La seconde grande spécificité des neutrons, qui portent un spin $\pm 1/2$, est **leur capacité d'interaction avec les atomes porteurs de moment magnétique**. Ceci permet de mesurer la distribution des moments magnétiques dans les couches minces. Cet aspect ne sera pas développé dans ce cours. Une très bonne description de la réflectivité de neutrons magnétiques peut être trouvée dans la référence [3].

Une dernière propriété importante des neutrons est leur **faible absorption** par la matière, qui peut être négligée en réflectivité, contrairement au cas de la réflectivité X, dans la plupart des cas (sauf pour le bore, le gadolinium, le lithium...). Ceci se traduit par un indice sans partie imaginaire. De plus, les énergies des neutrons incidents sont faibles lors des expériences (de l'ordre de quelques meV), les mesures de réflectivité neutrons sont **non-destructives**. Ceci est particulièrement important pour des mesures en biologie ou pour l'expertise de couches minces.

Ce cours se compose de trois parties. Nous exposerons dans une première partie le principe de la réflectivité de neutrons par une approche très proche de la réflectivité de rayons X où l'on oublie le spin des neutrons [4]. Cette approche n'est plus valable pour les systèmes magnétiques. Le formalisme traitant convenablement du magnétisme est exposé dans [3]. Par ailleurs, les aspects de réflectivité hors spéculaire et de diffraction

1. Ceci n'est pas formellement vrai. Les propriétés des molécules deutérées sont légèrement différentes des molécules hydrogènes, notamment en ce qui concerne la liaison hydrogène, mais la faible modification des propriétés n'a généralement pas d'incidence sur la physique du système.

de surface ne sont pas traités. Dans la deuxième partie, nous décrirons comment réaliser une expérience de neutrons en pratique (description des appareils, description des géométries de mesure envisageables et des possibilités d'environnement échantillons, conditions d'accessibilité aux faisceaux de neutrons). Enfin, des exemples concrets seront présentés en troisième partie.

2. Principe de la réflectivité de neutrons

Le formalisme décrit dans cette partie est un formalisme ondulatoire très proche de la lumière. On rappelle qu'il n'est pas applicable pour le magnétisme et que l'absorption des neutrons est négligeable.

2.1. Interaction neutron-matière et calcul de l'indice pour les neutrons

Soit un faisceau de neutrons se réfléchissant sur une surface plane avec un angle d'incidence θ (voir fig. 1). Cette surface est définie par l'interface entre le vide ($n = 1$) et un milieu d'indice de réfraction n.

Dans le vide, le vecteur d'onde d'un neutron incident de longueur d'onde λ est défini par :

$$\mathrm{k} = \frac{2\pi}{\lambda}. \tag{1}$$

L'énergie E de ce neutron est :

$$E = \frac{\hbar^2}{2m} k \tag{2}$$

$\hbar$ est la constante de Planck réduite et m la masse du neutron.

Dans un milieu d'indice n le neutron interagit avec les noyaux des atomes. L'interaction neutron-matière est décrite par le pseudo-potentiel de Fermi $V(r)$ qui considère que le neutron interagit ponctuellement avec un atome indépendamment des autres :

$$V(r) = b\left(\frac{2\pi\hbar^2}{m}\right)\delta(r) \tag{3}$$

où $\delta(r)$ est la fonction de Dirac et b est la longueur de diffusion cohérente qui décrit l'interaction entre le neutron et le noyau de l'atome. Cette longueur de diffusion comprend une partie réelle et une partie imaginaire qui rend compte de l'absorption du neutron par le noyau. Par la suite, b est toujours réduite à sa partie réelle car l'absorption est négligée.

Dans le vide ou dans le milieu la fonction d'onde ψ décrivant le neutron vérifie l'équation de Schrödinger :

$$\frac{\hbar^2}{2m}\Delta\psi(r) + [E - V(r)]\psi(r) = 0. \qquad (4)$$

En considérant que la structure du milieu est invariante dans le plan (xy) parallèle à la surface, il est possible de séparer les variables d'espace x, y et z dans l'équation (4) puisque V(r) ne dépend plus que de z :

$$\frac{\hbar^2}{2m}\frac{d^2\psi_z}{dz^2} + [E_z - V_z]\psi_z = 0. \qquad (5)$$

Le potentiel V_z moyen dans la couche s'obtient par intégration du pseudo-potentiel de Fermi :

$$V_z = \frac{1}{v}\int_v V(r)dr = \frac{2\pi\hbar^2}{m}Nb \qquad (6)$$

où N est le nombre d'atomes par unité de volume.

Dans le cadre de ce cours, on considère que les neutrons n'échangent pas d'énergie lorsqu'ils pénètrent dans le milieu d'indice n (diffusion élastique). La conservation de l'énergie en $z = 0$ permet alors d'exprimer le vecteur d'onde du neutron dans le milieu k_n en fonction de k et de V_z :

$$E = \frac{\hbar^2k^2}{2m} = \frac{\hbar^2k_n^2}{2m} + V_z. \qquad (7)$$

à partir des équations (6) et (7) on obtient finalement :

$$k_n^2 = k^2 - 4\pi Nb. \qquad (8)$$

Cette dernière équation permet d'exprimer l'indice de réfraction n du milieu homogène, défini comme le rapport des vecteurs d'onde dans le matériau et dans le vide [6] :

$$\boxed{\mathrm{n}^2 = \frac{\mathrm{k}_\mathrm{n}^2}{\mathrm{k}^2} = 1 - \frac{\lambda^2}{\pi}\mathrm{Nb}} \qquad (9)$$

Le produit Nb est appelé densité de longueur de diffusion cohérente. On retrouve l'écriture de l'indice pour les rayons X si on néglige la partie imaginaire, et que l'on remplace Nb par le produit de la densité électronique et du rayon classique de l'électron. Le tableau présente les longueurs de diffusion cohérente de certains atomes et la densité de longueur de diffusion de certains matériaux [6]. Des tableaux périodiques neutroniques complets se trouvent facilement sur le réseau internet [7]. La densité de longueur de diffusion du substrat que l'on désire étudier est la première chose à calculer dans une expérience de réflectivité. Son calcul est très simple pour des cristaux ou des solvants[2] mais peut poser des difficultés pour des polymères, car l'évaluation du volume spécifique d'un monomère n'est pas toujours aisé.

2. Un exemple de calcul de densité de longueur de diffusion : l'eau. Cette densité se calcule par : $Nb = (\sum_i b_i)/V$ avec les b_i correspondants aux atomes constituants la molécule (*cf.* tabl. 1) et V le volume

Table 1 : Longueur de diffusion de certains atomes
et densité de longueur de certaines molécules.

longueur de diffusion cohérente b (10^{-12} cm)							
^1H	D (^2H)	C	O	N	Si	Ni	Ti
- 0,374	0,667	0,665	0,580	0,936	0,415	1,03	- 0,344
Densité de longueur de diffusion (Å^{-2})							
H_2O	D_2O	PSH	PSD	SiO_2	Si (cristal)	Ni (cristal)	Ti (cristal)
- 0,56 10^{-6}	6,38 10^{-6}	1,41 10^{-6}	6,38 10^{-6}	3,41 10^{-6}	2,07 10^{-6}	9,4 10^{-6}	- 1,95 10^{-6}

Les longueurs d'ondes caractéristiques des neutrons incidents utilisés lors des expériences étant de l'ordre de quelques Å et les Nb de l'ordre 10^{-6} Å^{-2}, les indices de réfraction sont toujours très proches de 1. Il n'est pas possible de faire des lentilles à neutrons ! Par ailleurs, contrairement aux rayons X où les indices sont toujours plus petits que 1, certains produits peuvent présenter des indices supérieurs à 1 pour les neutrons.

à l'interface entre le vide et le milieu d'indice n, on écrit la loi de réfraction de Descartes :

$$\cos\theta = \mathrm{n}\cos\theta_n \tag{10}$$

Dans ce cas, il y a réflexion totale si $\theta \leq \theta_c$, où θ_c est défini de façon à avoir $\theta_n = 0$. Si l'indice est supérieur à 1, il n'y a jamais de réflexion totale, notamment pour l'eau légère et le titane.

Ceci conduit à :

$$\cos\theta_c = \mathrm{n} \tag{11}$$

n étant proche de 1 on obtient en développant :

$$n \approx 1 - \frac{\lambda^2}{2\pi} Nb \tag{12}$$

De et (12), on tire :

$$1-(\sin\theta_c)^2 = 1 - \frac{\lambda^2}{\pi} Nb \tag{13}$$

ce qui est équivalent à :

---

de la molécule. Puisque la masse molaire de H_2O est 18 g/mol et la densité de H_2O 1 g/cm^3, le volume d'une molécule d'H_2O est de 18/6.02 10^{23} = 2.99 10^{-23} cm^3 par molécule. Le volume d'une molécule de D_2O est similaire. On obtient :

$Nb_{H_2O} = (-0,374{*}2 + 0,58) \times 10^{-12}/2,99e - 23 = -0,56\ 10^{10}\ cm^{-2}(-0,56\ 10^{-6}\ Å^{-2})$

$Nb_{D_2O} = (0,667{*}2 + 0,58) \times 10^{-12}/2,99e - 23 = 6,38\ 10^{10}\ cm^{-2}(6,38\ 10^{-6}\ Å^{-2})$.

$$\boxed{\sin\theta_c = \sqrt{\frac{Nb}{\pi}}\lambda} \qquad (14)$$

Lorsqu'il y a réflexion totale, **la mesure de l'angle critique pour une longueur d'onde donnée est une mesure, très précise, du Nb du substrat et donc de sa composition chimique**, qui n'est pas toujours connue.

2.2. Réflexion sur une succession de couches

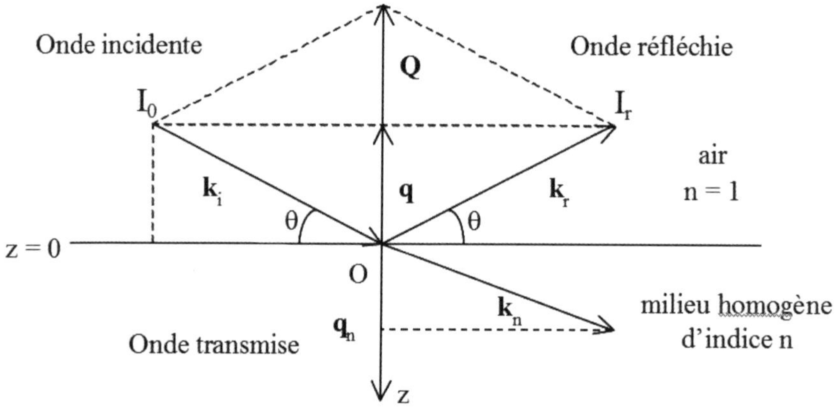

Figure 1. Réflexion sur une surface plane.

La réflectivité est une fonction dépendant uniquement du vecteur de diffusion Q défini par :

$$\boxed{Q = k_r - k_i = \frac{4\pi \sin\theta}{\lambda}} \qquad (15)$$

Q est égal au double du projeté du vecteur d'onde incident k_i sur l'axe z (perpendiculaire à la surface). Par la suite, nous utiliserons dans les calculs la variable q, projeté du vecteur d'onde sur z, tel que q = Q/2[3].

Si le système étudié est composé de nombreuses couches, chacune ayant pour indice n_p., la propagation de l'onde plane dans la couche p et la couche p+1 peut s'écrire de la manière suivante :

$$\begin{aligned} \psi_z(z_p) &= A_p \exp(iq_p z_p) + B_p \exp(-iq_p z_p) \\ \psi_z(z_{p+1}) &= A_{p+1} \exp(iq_{p+1} z_{p+1}) + B_{p+1} \exp(-iq_{p+1} z_{p+1}) \end{aligned} \qquad (16)$$

où $i^2 = -1$, et A_p et B_p sont respectivement les amplitudes de l'onde se propageant vers l'intérieur et l'extérieur du matériau. Nous avons également :

3. Selon les ouvrages, il est possible que le vecteur de diffusion soit exprimé par q ou Q. Attention au facteur 2 !

$$\begin{aligned} q_p^2 &= q^2 - 4\pi N b_p \\ q_{p+1}^2 &= q^2 - 4\pi N b_{p+1} \end{aligned} . \tag{17}$$

Les conditions de continuité de l'onde et de sa dérivée à l'interface p/p+1 s'écrivent :

$$\begin{aligned} \Psi_z(z_p) &= \Psi_z(z_{p+1}) = u(z_{p/p+1}) \\ \Psi'_z(z_p) &= \Psi'_z(z_{p+1}) = u'(z_{p/p+1}) \end{aligned} . \tag{18}$$

La réflectivité en $z_{p/p+1}$ est définie comme le rapport de l'intensité du faisceau réfléchi par la couche $p+1$ sur l'intensité incidente sur cette même couche. Elle s'écrit :

$$R = \frac{|B_p|^2}{|A_p|^2} = \left| \frac{1 - \dfrac{u'(z_{p/p+1})}{iq_p u(z_{p/p+1})}}{1 + \dfrac{u'(z_{p/p+1})}{iq_p u(z_{p/p+1})}} \right|^2 \tag{19}$$

où $u(z_{p/p+1})$ et $u'(z_{p/p+1})$ sont des fonctions de $z_{p/p+1}$ et q_{p+1}.

À partir de cette équation il est possible de calculer la réflectivité pour la dernière interface (dernière couche/matériau massif), puis de calculer récursivement la réflectivité à chaque interface jusqu'à la surface, et ainsi obtenir la réflectivité du système étudié.

2.3. L'interface idéale et la courbe de Fresnel

Les milieux p et $p+1$ sont remplacés par le vide et un substrat d'indice n. Si l'interface est parfaite sans rugosité, un tel système est un dioptre, et sa réflectivité la réflectivité de Fresnel (R_F). Dans ce cas, dans le matériau, $B_{p+1} = B_s = 0$ pour l'équation (2) car aucune intensité ne revient de $z = \infty$.

On peut écrire la réflectivité de Fresnel :

$$R_F = \left| \frac{B}{A} \right|^2 = \left| \frac{q - q_s}{q + q_s} \right|^2 \tag{20}$$

ou :

$$R_F = \left| \frac{1 - \left(1 - \left(\frac{q_c}{q}\right)^2\right)^{1/2}}{1 + \left(1 - \left(\frac{q_c}{q}\right)^2\right)^{1/2}} \right|^2 \tag{21}$$

où q_c et q_s sont obtenu par l'équation (17) :

$$\begin{aligned} q_c^2 &= 4\pi N b_s \\ q_s^2 &= q^2 - 4\pi N b_s = q^2 - q_c^2 \end{aligned} . \tag{22}$$

Une courbe de réflectivité de Fresnel est représentée sur la figure 2 :

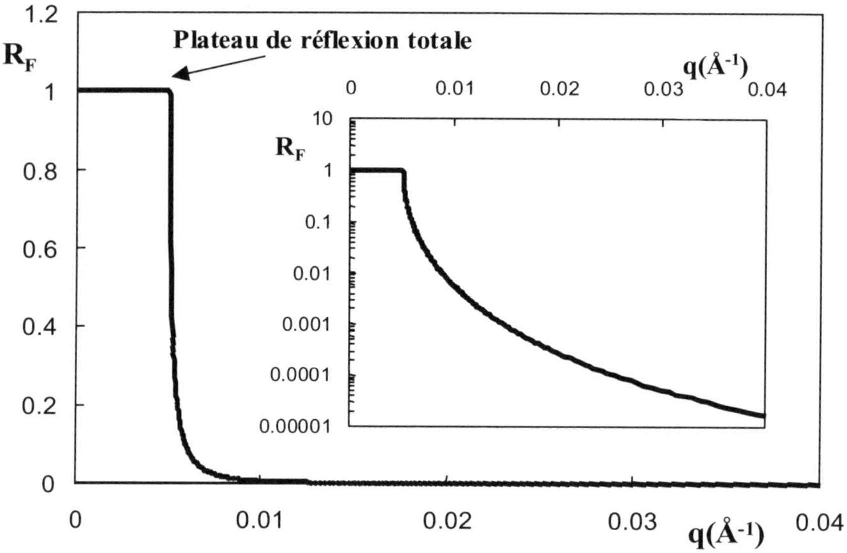

Figure 2. Représentation linéaire et semi-logarithmique de la réflectivité de Fresnel en fonction de q calculée pour $Nb_s = 2{,}07 \times 10^{-6}$ Å^{-2} (interface air/silicium). $q_c = 5{,}09 \times 10^{-3}$ Å^{-1} (obtenu à partir de la formule 14).

2.4. Cas de la couche homogène sur un substrat

On s'intéresse au système représenté sur la figure 3. Les trois milieux sont : l'air ($n = 1$), une couche homogène d'indice n_1 d'épaisseur d et de densité de longueur de diffusion Nb_1, et le substrat d'indice n_s de densité de longueur de diffusion Nb_s et d'épaisseur infinie. L'interface air/couche est en $z = 0$, l'interface couche/substrat est en $z = d$.

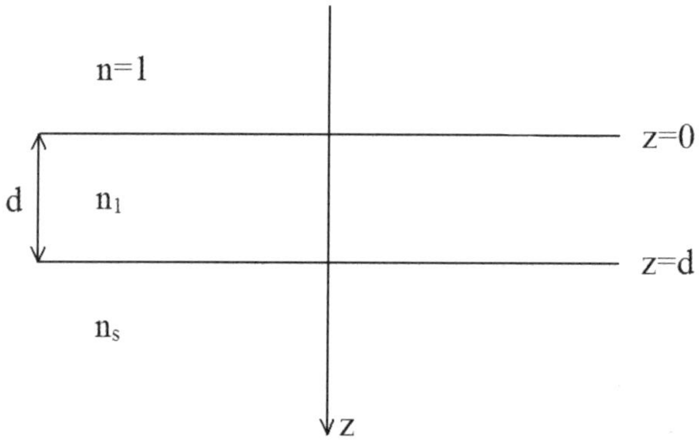

Figure 3. Couche homogène sur substrat.

Sur un tel système, une partie de l'onde incidente va être réfléchie sur la première interface en $z = 0$ et une partie transmise. De même, une partie de cette onde transmise va être réfléchie sur la seconde interface en $z = d$. Les deux ondes réfléchies vont interférer, de façon constructive ou destructive selon leur déphasage, lié à la différence de chemin optique et donc à l'épaisseur de la couche. **Il apparaît donc qualitativement que la courbe de réflectivité va présenter des franges d'interférences permettant la mesure de l'épaisseur de la couche.**

Après quelques calculs, l'expression de la réflectivité s'écrit :

$$R = \frac{\cos(2q_1 d)\left[1+\left(\frac{q_s}{q}\right)^2-\left(\frac{q_1}{q}\right)^2-\left(\frac{q_s}{q_1}\right)^2\right]+1-4\frac{q_s}{q}+\left(\frac{q_s}{q}\right)^2+\left(\frac{q_1}{q}\right)^2+\left(\frac{q_s}{q_1}\right)^2}{\cos(2q_1 d)\left[1+\left(\frac{q_s}{q}\right)^2-\left(\frac{q_1}{q}\right)^2-\left(\frac{q_s}{q_1}\right)^2\right]+1+4\frac{q_s}{q}+\left(\frac{q_s}{q}\right)^2+\left(\frac{q_1}{q}\right)^2+\left(\frac{q_s}{q_1}\right)^2} \tag{23}$$

On peut voir sur cette équation que la courbe de R en fonction de q présentera des oscillations dont la fréquence sera donnée par $2q_1 d = m \times 2\pi$. C'est la relation de Bragg corrigée de l'angle critique qui donne : $2d\sqrt{\sin^2\theta_m - \sin^2\theta_c} = m\lambda$ (m est un entier). **Ces oscillations sont les franges de Kiessig.** La figure 4 présente une courbe typique de réflectivité.

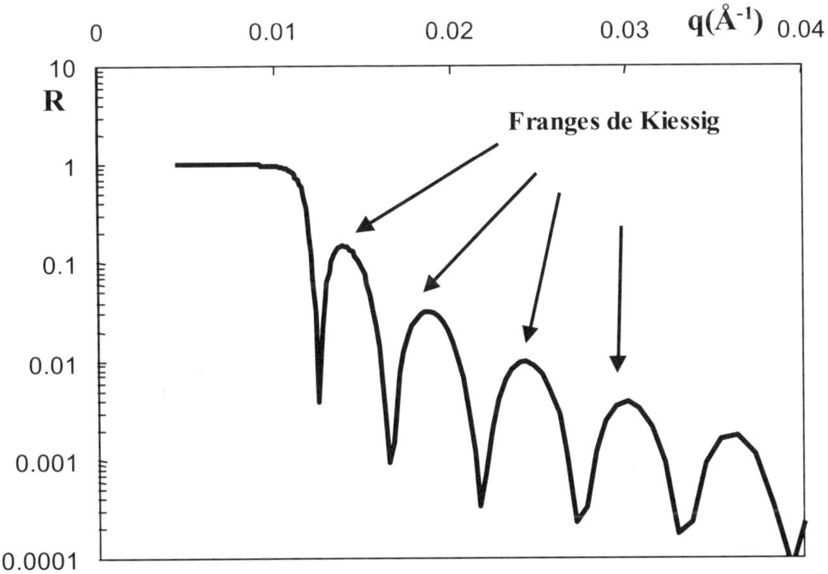

Figure 4. Réflectivité R calculée pour une couche de 500 Å de nickel ($Nb = 9,4 \times 10^{-6}$ Å^{-2}) sur du silicium ($Nb_s = 2,07 \times 10^{-6}$ Å^{-2}).

2.5. La rugosité

Un système est décrit par un profil de densité de longueur de diffusion, fonction de la distance à la surface z : $Nb(z)$. Jusqu'à présent, nous avons toujours supposé que l'interface entre la couche P et la couche p+1 était parfaite et présentait une discontinuité de $(Nb)_p$ à $(Nb)_{p+1}$ (fonction en escalier). Dans la pratique, les interfaces ne sont pas si abruptes du fait de deux phénomènes différents :

- *la rugosité* : d'un point à l'autre de la surface, le passage d'une couche à l'autre ne se fait pas toujours à la même distance z de la surface.

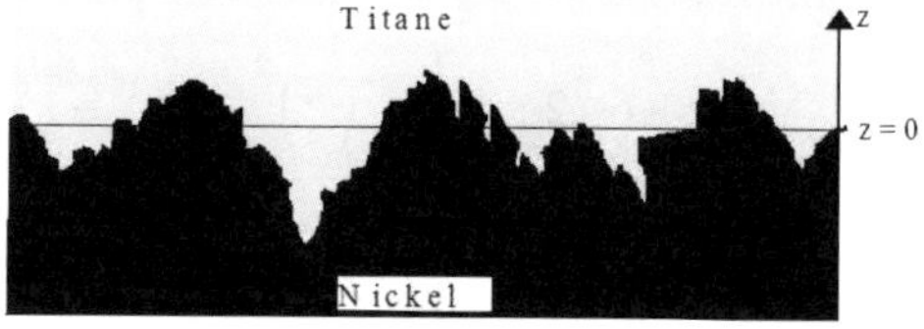

- *l'interdiffusion* : deux matériaux formant deux couches successives diffusent souvent légèrement l'un dans l'autre créant une transition non abrupte.

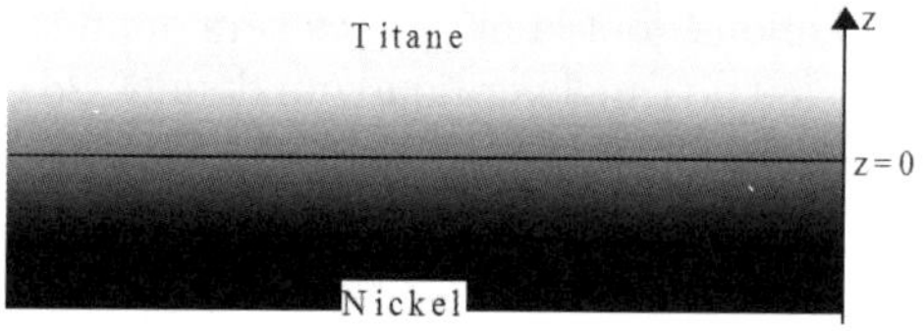

La mesure de la réflectivité spéculaire ne permet pas de distinguer entre la rugosité et l'interdiffusion si la taille des imperfections est plus petite que la longueur de cohérence de l'onde associée au neutron (qui est de l'ordre de quelques microns). Seule la mesure de la diffusion non-spéculaire, absente en cas d'interdiffusion, permet de différencier ces rugosités. Les deux types d'interfaces seront simulés par la même fonction erreur :

$$\mathrm{erf}\left(\frac{\mathrm{z}-\mathrm{z}_{\mathrm{p/p+1}}}{\sigma_{\mathrm{p/p+1}}}\right)=\frac{2}{\sqrt{\pi}}\int_0^{(\mathrm{z}-\mathrm{z}_{\mathrm{p/p+1}})/\sigma_{\mathrm{p/p+1}}}\mathrm{e}^{-\mathrm{t}^2}\mathrm{dt} \tag{24}$$

où $p/p+1$ est l'interface entre deux couches successives. La courbe représentant cette fonction erreur présente un point d'inflexion en $z_{p/p+1}$. $\sigma_{p/p+1}$ est l'inverse de la pente à la tangente à la courbe en $z_{p/p+1}$. L'épaisseur de l'interface est donnée par $2\sigma_{p/p+1}$.

On peut montrer que l'introduction de l'équation (19) dans le calcul de la réflectivité conduit à multiplier la réflectivité R obtenue dans le cas d'une interface parfaite entre p et $p+1$, par un facteur type de type Debye-Waller ayant pour valeur :

$$DW=\exp(-4q_pq_{p+1}\sigma^2_{p/p+1}) \tag{25}$$

avec q_p et q_{p+1} donnés par l'équation (17).

Une autre méthode [9] également utilisée consiste à discrétiser le profil de densité en un grand nombre de couches présentant une faible variation de Nb de l'une à l'autre. Toutefois, dans ce cas, le temps de calcul devient plus long.

La figure 5 montre l'effet de la rugosité sur une courbe de réflectivité calculée pour une couche de nickel déposée sur un substrat de silicium.

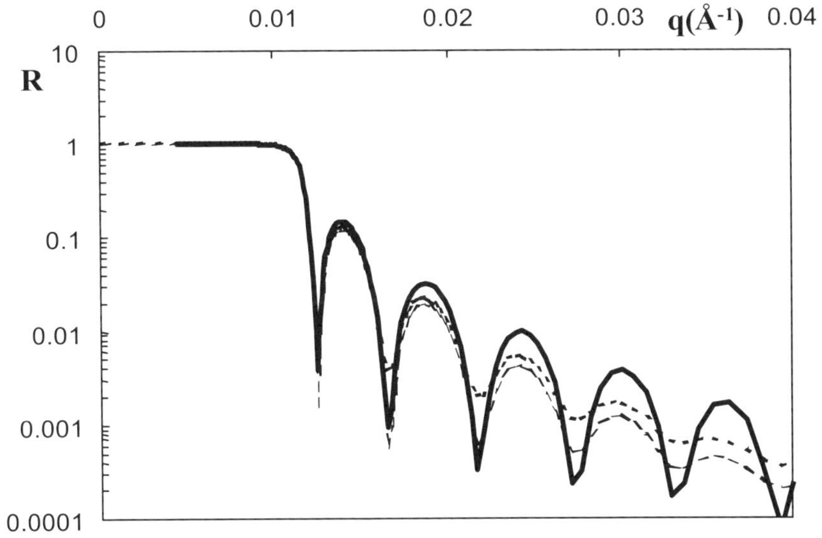

Figure 5. Effet de la rugosité sur la courbe de réflectivité calculée pour une couche de 500 Å de nickel déposée sur un substrat de silicium. Ligne épaisse : $\sigma_s = \sigma_{air} = 0$ A ; ligne fine : $\sigma_s > 0$; pointillés : $\sigma_{air} > 0$.

2.6. Traitement des données

Comme nous l'avons vu dans les paragraphes 1.2 à 1.4, il est possible de calculer par récurrence numériquement la réflectivité d'un système à n couches, si l'on connaît l'épaisseur et la densité de longueur de diffusion de chaque couche, en prenant en compte la rugosité à chaque interface entre deux couches. **Le traitement des données se fait donc par ajustement numérique de la courbe calculée pour le système multicouche considéré à la courbe expérimentale.** Les paramètres d'ajustement sont les épaisseurs des couches, leurs densités de longueur de diffusion et les rugosités d'interfaces. La résolution expérimentale doit également être prise en compte dans la simulation (*cf.* paragraphe 2.2.3 pour le calcul).

Lorsque le profil de densité de longueurs de diffusion dans le plan perpendiculaire à l'interface $Nb(z)$ est continu (comme dans le profil d'adsorption d'un polymère à une interface, par exemple), il suffit de discrétiser le profil. La mesure de la réflectivité étant une mesure moyenne sur toute la surface de l'échantillon, la densité de longueur de diffusion d'une couche comportant deux types d'objets (un polymère et un solvant, deux polymères fondus, etc.) va être la moyenne pondérée en volume des densités de longueur de diffusion des objets présents dans la couche[4].

Il existe néanmoins un problème important pour le traitement des données car les courbes de réflectivité ne sont pas inversibles. Il est possible de montrer théoriquement **que le fait de ne pas connaître la phase de la réflectivité (on ne mesure que l'intensité)**

4. Exemple : le cas d'un polymère dans un solvant. Si, dans une couche donnée, la fraction volumique de polymère est Φ_{poly}, le Nb de la couche s'écrit : $Nb\ (couche) = \Phi_{poly} Nb_{poly} + (1 - \phi_{poly}) Nb_{solv}$.

permet de construire à partir d'une solution donnée toute une famille de profils donnant le même résultat. Il faut donc avoir une idée grossière du système que l'on étudie, les traitements à l'aveugle pouvant donner des résultats... curieux ! Par ailleurs, les flux de neutrons incidents étant faibles lors des expériences, les barres d'erreur sur les mesures sont souvent non-négligeables. Il est alors possible de faire passer une famille de profils par les barres d'erreur. Un moyen de résoudre partiellement ce problème est de compléter la mesure par une mesure X.

3. Réalisation pratique d'une mesure de réflectivité de neutrons

3.1. Spectromètres de réflectivité de neutrons

3.1.1 Les types de réflectomètres

Il existe deux moyens de mesurer la réflectivité d'un échantillon en fonction du vecteur d'onde $Q = \dfrac{4\pi \sin\theta}{\lambda}$ (voir fig. 6).

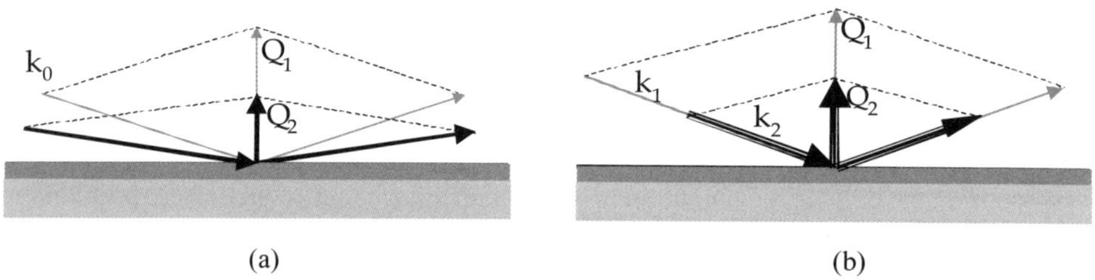

Figure 6. Principe de la réflectivité de neutrons (a) θ, 2θ : mesure à θ variable et λ fixe. (b) temps de vol : mesure à θ fixe et λ variable.

La plus simple (θ, 2θ), similaire aux réflectomètres rayons X de laboratoire, utilise une longueur d'onde fixe λ comprise entre 1,5 Å et 6 Å. Le faisceau de neutrons, polychromatique en sortie de réacteur, est rendu monochromatique en amont de l'échantillon par un monocristal, collimaté et envoyé sur l'échantillon sous une incidence rasante. On mesure alors le faisceau réfléchi, pas à pas, en tournant l'échantillon d'un angle θ et le détecteur d'un angle 2θ. Seules la faiblesse du flux de neutrons incidents et la grande taille des réflectomètres neutrons les différencient notablement des appareils à rayons X de laboratoire.

Les neutrons permettent cependant l'utilisation d'une autre méthode dite **de temps de vol** pour mesurer des courbes de réflectivité, permettant de travailler à angle θ fixé, et faire varier la longueur d'onde λ. Puisqu'il a une masse, le neutron se déplace à une vitesse finie, liée à sa longueur d'onde via la relation de De Broglie $v = h/m\lambda$, où h est la constante de Plank et m la masse du neutron. Pour les neutrons froids utilisés lors des expériences (de longueur d'onde typique de l'ordre de 3 à 20 Å), la vitesse des neutrons est de l'ordre de 1 000 m/s. Ceci permet de mesurer la longueur d'onde d'un neutron au sein d'un faisceau de neutrons polychromatique lors d'une expérience en séparant les neutrons de différentes longueur d'onde assemblés dans une même impulsion brève, les neutrons les plus rapides se déplaçant plus rapidement que les neutrons lents. On envoie une impulsion de neutrons, réalisée à l'aide d'un hacheur (chopper), au temps $t = 0$ en incidence rasante sur l'échantillon puis on mesure le temps t mis par le neutron pour atteindre le détecteur situé à la distance L du hacheur pour obtenir la longueur d'onde (via $\lambda = \frac{h}{mL} t)$[5]. La vitesse de rotation du hacheur est choisie de façon à ce que les neutrons les plus lents d'une impulsion arrivent sur le détecteur avant les neutrons les plus rapides de la suivante. Mesurer le coefficient de réflexion sur une surface est simple, il faut préalablement mesurer le faisceau incident sans réflexion, qui donne la dispersion en énergie du faisceau incident, puis diviser l'intensité mesurée dans le faisceau réfléchi par ce faisceau incident, et ceci pour chaque valeur de λ. Cette méthode se révèle extrêmement pratique pour certaines géométries de mesure, notamment **les mesures de type air/liquide**, car elle n'impose pas de tourner l'échantillon (et donc de le faire couler...). De plus, toute la courbe de réflectivité est mesurée dans un même temps. Ceci ôte toute ambiguïté sur les résultats lorsque l'échantillon vieillit au cours du temps. Il est d'ailleurs possible dans cette géométrie de réaliser **des mesures cinétiques**.

Lors d'une expérience, l'angle d'incidence θ_i sur la surface à étudier est très faible, variant typiquement 0,5 à 5°. Au vu des longueurs d'ondes typiques (*cf.* paragraphe précédent), les vecteurs d'ondes q accessibles lors des mesures sont comprises comprises dans une gamme variant de 0,005 Å^{-1} à 0,3 Å^{-1}. Les tailles de couche qu'il est possible d'étudier dans l'espace direct sont donc d'environ 10 Å à 2 000 Å.

3.1.2 Un exemple de spectromètre de temps de vol : le spectromètre EROS au laboratoire Léon Brillouin

Les neutrons produits par le réacteur Orphée (CEA Saclay) sont thermalisés par une source froide à hydrogène liquide ($T = 20K$). Un guide de neutrons les amène jusqu'au réflectomètre situé à environ 30 m de la source. Un faisceau contenant toutes les longueurs d'ondes (faisceau « blanc ») est alors disponible au niveau du hacheur. La gamme réellement utilisable en pratique va de 3 à 25 Å. Un schéma du réflectomètre est donné sur la figure 7. Le hacheur est constitué d'un disque de 40 cm de diamètre absorbant les neutrons. Une fenêtre de taille ajustable de largeur 25 mm et de hauteur comprise entre 5 et 40 mm est située à la périphérie du disque. La résolution peut ainsi être facilement adaptée à l'échantillon étudié. Le faisceau parcourt ensuite un long collimateur sous vide (4 m). La largeur des fentes d'entrée et de sortie de ce

5. On rappelle que la valeur de la constante de Planck h est 6,62 10^{-34} J.s et que la valeur de la masse du neutron est 1,67 10^{-27} kg. L'expression peut donc se récrire : $\lambda(A) = \frac{t(\mu s)}{252,7L(m)}$. Le temps de parcours est donc d'environ 1 ms par Å sur une distance de 4 m. Sur EROS, avec une distance de base de temps de vol d'environ 7 m, on arrive à discriminer des neutrons qui diffèrent de 0,1 Å avec un temps d'acquisition électronique de 200 μs.

collimateur peuvent être ajustées entre 0,5 et 5 mm. Le faisceau incident est ensuite réfléchi par l'échantillon incliné d'un angle θ. L'angle maximum utilisable est de 5°, ce qui permet de couvrir un domaine de vecteur de diffusion q de 0,004 à 0,1 Å^{-1}. La plupart des expériences sont réalisées en utilisant un seul angle de mesure même si deux sont parfois nécessaires (1° et 4° par exemple). Le faisceau réfléchi est mesuré à l'aide d'un détecteur à ^{3}He. La réflectivité minimale qui peut être mesurée est de l'ordre de 10^{-6}. La position verticale du détecteur doit être ajustée en fonction de l'angle de travail choisi. Si h_0 et h_d sont les positions respectives du faisceau direct et du détecteur à la distance L du hacheur, l'angle θ de mesure est donné par : $\tan(2\theta) = \frac{h_d - h_0}{D_{s-d}}$ où $D_s - d$ est la distance de l'échantillon au détecteur (*cf.* fig. 7).

Le principe de réglage est simple. On détermine un angle de travail tel que, sur la gamme de longueurs d'onde utilisable, une partie du faisceau soit en réflexion totale (lorsque le contraste le permet). Ceci se fait à l'aide de la formule (14), puis, grâce à la formule précédente, on ajuste la position de la hauteur du détecteur. Il ne reste plus qu'à faire pivoter l'échantillon jusqu'à obtenir le maximum de neutrons réfléchis pour faire le réglage[6].

Ce spectromètre permet de faire des mesures à l'interface air/liquide car il est de géométrie horizontale. Lorsque l'on veut effectuer une telle mesure, il faut préalablement dévier le faisceau incident à l'aide d'un miroir (non représenté sur la figure 7) de telle sorte qu'il fasse un angle θ_{travail} avec l'échantillon qui reste parfaitement horizontal.

Lors d'une expérience sur EROS, une acquisition typique va durer de 1 à 4 heures pour obtenir une statistique correcte pour des échantillons ayant une surface de l'ordre de 10 cm^2. Les larges collimations utilisées lors des expériences (compensant le faible flux incident...) permettent d'illuminer de grandes surfaces et donc de travailler sur de grands échantillons.

Le principe de fonctionnement du temps de vol est utilisé sur tous les réflectomètres installés sur les sources pulsées. Il est également utilisé sur le réflectomètre D17 à l'ILL à Grenoble.

3.1.3 Résolution angulaire

Du fait de la collimation, le faisceau incident lors des expériences présente une divergence $\delta\theta$ qui induit un élargissement du faisceau réfléchi et dont il faut tenir compte lors du calcul de la réflectivité, les expressions de la réflectivité présentées dans la première partie étant calculées pour des faisceaux incidents sans divergence. Ceci se fait par la convolution de la fonction calculée $R(q)$ avec une fonction donnée par l'appareil $f(\theta, \delta\theta_0)$ centrée en 0. Cette fonction peut être une fonction carrée ou une fonction triangle.

$$R_{\delta\theta/\theta}(q) = \int R(q\frac{\sin\theta_0}{\sin\theta})f(\theta_0 - \theta, \delta\theta)d\theta \qquad (26)$$

6. C'est le même principe qu'un enfant jouant avec une montre pour éblouir un autre enfant. Il tourne sa montre (son échantillon) jusqu'à ce que la lumière du soleil (les neutrons) arrive dans les yeux de sa victime (le détecteur)...

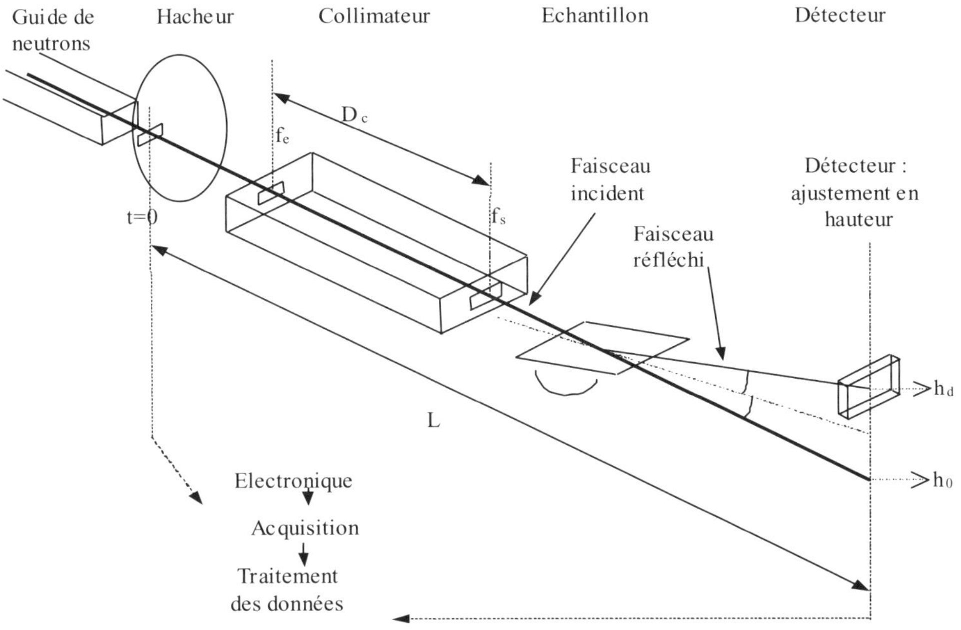

Figure 7. Schéma du réflectomètre EROS.

La divergence du faisceau incident $\delta\theta$ ainsi que la résolution angulaire $\delta\theta/\theta$ sont déterminées par l'ouverture des fentes d'entrée et de sortie du collimateur ainsi que par la longueur du collimateur D_c. Si l'on néglige l'effet de la gravité terrestre, la trajectoire du faisceau peut être supposée rectiligne et la divergence est donnée par : $\tan\delta\theta = (f_e + f_s)/2D_c$.

Le calcul de la divergence et de la résolution pour un angle de 1,5°, pour des fentes $f_e = f_s$ de 1 mm et pour $D_c = 3\ 890\ mm$ donne : $\delta\theta = 0,015^o$ et $\delta\theta/\theta = 1\%$ (valeurs typiques utilisées sur EROS).

3.2. Échantillons et types de mesures possibles

3.2.1 Les géométries de mesures envisageables

La figure 9 présente les quatre types d'interface qu'il est possible d'étudier : **air/solide, solide/solide, air/liquide, solide/liquide** et les géométries associées. Il apparaît sur la figure 9 que, pour la géométrie solide/liquide, le faisceau doit traverser le solide et non le liquide[7]. En effet, il est impossible pour un faisceau de neutrons de traverser un liquide sur plusieurs centimètres. Pour des raisons qui ne seront pas exposées dans ce cours, un neutron peut être diffusé par des atomes, indépendamment de la position de

7. Par liquide, nous entendons ici l'eau ou les solvants usuels, tel le toluène, liquides à température ambiante, utilisés en matière molle ou en biologie. Nous ne considérons pas les métaux tels le mercure ou le gallium.

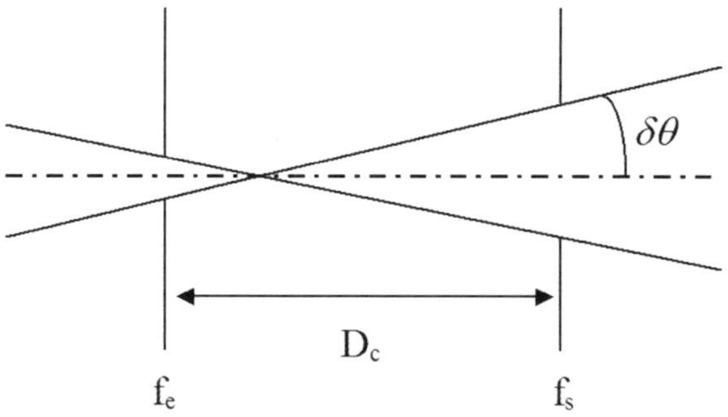

Figure 8. Divergence du faisceau incident lorsque l'on néglige l'effet de la gravité terrestre sur la trajectoire des neutrons.

ces atomes, sur tout l'espace (diffusion incohérente). Cette probabilité de diffusion est extrêmement importante pour l'hydrogène et quelques éléments du tableau périodique (vanadium...), forte pour le deutérium, et négligeable pour la plupart des éléments du tableau périodique. Il en résulte qu'un liquide diffuse très fortement les neutrons, ce qui diminue donc la transmission du faisceau. Par exemple, la transmission d'un faisceau de neutrons de $\lambda = 6\ A$ n'est que de 0,5 à travers 1 mm de H_2O et de 0,8 à travers 2 mm de D_2O.

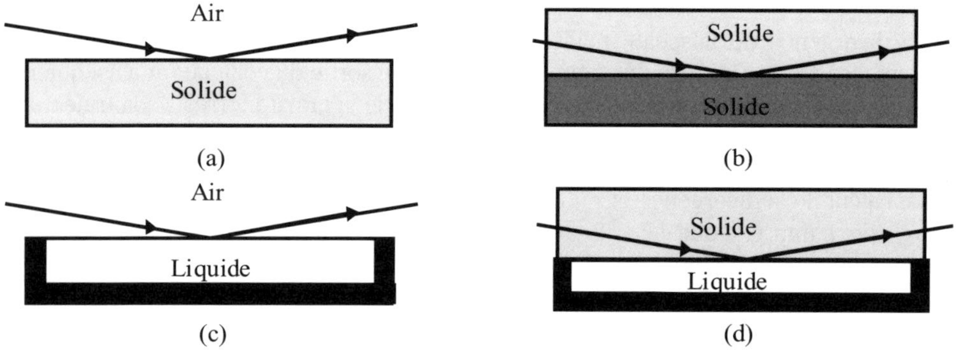

Figure 9. Les géométries de mesure envisageables au cours d'une expérience de réflectivité de neutrons. (a) interface air/solide ; (b) interface solide/solide ; (c) interface air/liquide ; (d) interface solide/liquide.

3.2.2 Les échantillons

Pour qu'une expérience de réflectivité soit exploitable, il faut que les substrats soient les plus plans possibles. En effet, s'ils présentent une courbure, cette courbure a un effet similaire à une augmentation de la divergence $\delta\theta$ du faisceau. Cette divergence peut être prise en compte par un ajustement supplémentaire au cours du traitement des résultats. Des pastilles (ou wafers) de silicium ou des cristaux de quartz sont couramment utilisés comme substrats modèles. Il faut qu'ils soient assez épais pour ne pas se déformer mécaniquement.

Lorsqu'on étudie un échantillon à l'interface air/liquide, il faut que la surface de l'échantillon soit suffisamment grande pour que le faisceau illumine des parties planes de l'échantillon, donc situées loin du bord (ménisque). Ceci peut poser un problème si l'on étudie l'adsorption à une telle interface d'un produit coûteux à obtenir car il en faudra une quantité minimale. Les ondes capillaires par contre ne perturbent pas la mesure car elles ont une incidence pour des réflectivités que l'on ne peut atteindre avec les neutrons.

Les wafers de silicium (ou les cristaux de quartz) permettent néanmoins d'envisager un grand nombre d'expériences dans les domaines de la matière molle ou de la biologie, aussi bien à l'interface air/solide qu'à l'interface solide/liquide. En premier lieu, ils absorbent très peu les neutrons. Il faut 7 cm de silicium pour atténuer un faisceau de neutrons d'un facteur 2. En second lieu, ils sont peu coûteux et faciles à obtenir chez les industriels du silicium. Enfin, **leur chimie de surface** (groupements Si-OH) **se prête à des modifications chimiques facilement réalisables en laboratoire** sans matériel spécifique pour réaliser des surfaces hydrophiles, hydrophobes, chargées positivement ou négativement, avec des terminaisons particulières ($-CH_3$, $-NH_3$...) grâce à la grande diversité des silanes proposés chez les revendeurs de produits chimiques. La figure 10 présente un exemple d'une telle modification. Il est donc possible de créer une interface modèle selon l'étude que l'on désire effectuer. Il faut cependant tenir compte de la couche rajoutée à la surface lors du traitement des données, ce qui le complique.

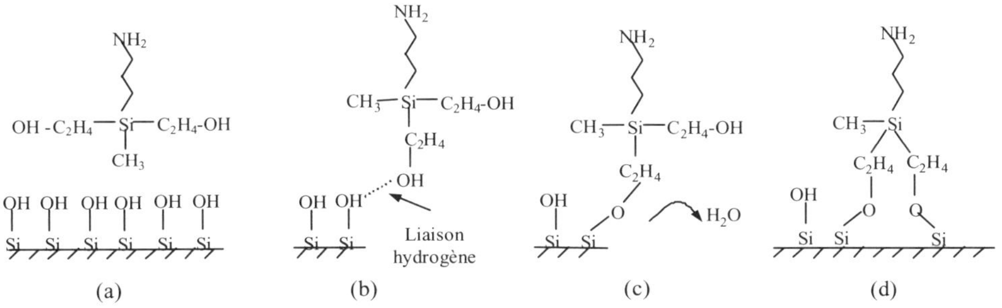

Figure 10. Exemple du greffage d'une fonction amine sur une surface de Si-OH.
(a) mise en contact d'un aminosilane comportant deux fonctions alcools avec la surface en solvant apolaire (toluène) ; (b) formation d'une liaison hydrogène ; (c) perte d'une molécule d'eau par chauffage pour lier l'aminosilane de façon covalente avec la surface (d).

On peut imaginer des architectures plus complexes (multicouches de polyelectrolytes, greffage de couches de protéines, adsorption de membranes phospholipidiques, etc.) mimant des situations biologiques pour étudier des effets spécifiques.

Par ailleurs, il faut éviter que les échantillons contiennent des atomes absorbants les neutrons (Li, B, Gd, etc.) aussi bien pour le milieu d'arrivée que pour le substrat (pour éviter la baisse du flux et l'activation radiologique des échantillons). Il faut également éviter que le milieu d'arrivée contienne des atomes diffusants fortement de façon incohérente (augmentation du bruit de fond du fait de la diffusion incohérente). Les sections efficaces de diffusion incohérente (probabilité de diffusion) et d'absorption (probabilité d'adsorption) des atomes se trouvent sur les tableaux périodiques neutroniques [7].

La réflectivité d'un échantillon est proportionnelle à la surface de l'échantillon illuminée lors de l'expérience. Il faut donc essayer de maximiser la surface de l'échantillon lors de l'expérience pour obtenir une statistique correcte avec des temps d'acquisition raisonnables, l'idéal étant d'avoir une surface supérieure au pinceau de neutrons incidents pendant l'expérience (quelques cm^2). Les surfaces peuvent être plus petites mais il faut éviter de descendre en dessous du cm^2. La seule restriction concerne les échantillons à l'interface air/liquide (voir plus haut).

3.2.3 Les environnements échantillons

Du fait de la faible absorption des neutrons par la matière, il est assez facile de créer des environnements échantillons variés : cellules étanches avec éventuellement des systèmes de circulation de solvants, cryoaimants (pour le magnétisme) des systèmes de régulation de température, des fours, etc. Les systèmes disponibles sur les spectromètres se trouvent sur les sites internet des laboratoires d'accueil. Il est bien évidemment possible de réaliser des montages pour des expériences spécifiques.

3.3. Accès aux instruments

Il existe des réflectomètres de neutrons dans tous les grands centres de neutrons. Une liste exhaustive de tous les appareils en fonctionnement ou en cours de développement peut être trouvée sur le site [8]. En France, il existe deux centres de neutronique, le LLB à Saclay en région parisienne [9] et l'ILL à Grenoble [10] proposant chacun des réflectomètres (EROS et PRISM au LLB, D17 et ADAM à l'ILL).

Ces appareils sont accessibles gratuitement par toute la communauté scientifique. Le temps de faisceau est attribué par un comité d'experts sur la base de propositions d'expériences. Les propositions d'expériences peuvent être soumises deux fois par an (une session au printemps et une session en automne). Les informations relatives aux formalités de demandes d'expériences se trouvent sur les sites internet des laboratoires. Tous les résultats obtenus lors d'expériences attribuées par les comités de sélection doivent pouvoir être publiés sans restriction.

Il est également possible de réaliser des expériences dont les résultats resteront confidentiels, pour des applications industrielles par exemple. Le temps de faisceau n'est alors plus gratuit et le contrat permettant l'accès au faisceau doit être directement négocié avec les laboratoires. Il est également possible de demander aux laboratoires de faire des mesures d'expertises payantes.

Il existe par ailleurs chaque année des formations, ouvertes à tous dans la limite des places disponibles, proposant des cours et des travaux pratiques : la formation généraliste Hercules [11] se déroulant sur toute la France et les FANs au LLB[8] [9].

---

8. Cette formation est gratuite, les frais d'hébergement et de déplacement sont pris en charge par le laboratoire et vous pouvez amener vos propres échantillons. Venez nombreux !

4. Exemples d'études de réflectivité de neutrons

Nous présentons dans cette partie quelques exemples de mesures qui permettent d'avoir un aperçu des différents types de sujets étudiés en réflectivité de neutrons (hormis le magnétisme). Tous ces sujets font appel à une ou plusieurs spécificité des neutrons. Toutes les mesures ont été réalisées sur le réflectomètre EROS au LLB.

4.1. Multicouches métalliques : les supermiroirs neutrons

Les supermiroirs neutrons sont des miroirs ayant un très fort pouvoir de réflexion des neutrons qui sont utilisés en optique neutronique. Lorsqu'ils sont utilisés dans la fabrication de guides de neutrons (dispositifs permettant de transporter les neutrons, fonctionnant de la même manière qu'une fibre optique), ils permettent d'augmenter la divergence transmise par le guide d'un facteur proche de 2 et donc le flux d'un facteur voisin de 4. Ceci est extrêmement important au vu du prix de production des neutrons.

Le principe d'un supermiroir est d'augmenter artificiellement (par interférences) la longueur du plateau de réflexion totale d'un substrat à base de multicouches apériodiques Ni/Ti (voir fig. 11). Ceci a été rendu possible par les progrès significatifs effectués ces dernières années dans la réalisation de dépôts en couches minces d'épaisseur très faible (jusqu'à 50 Å), très reproductibles et sur de grandes surfaces.

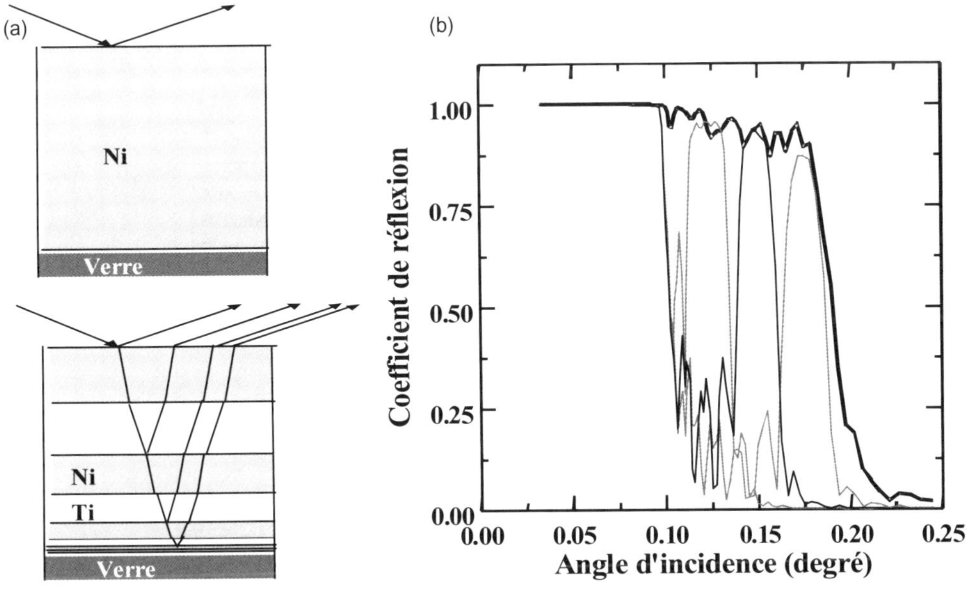

Figure 11. Supermiroirs neutrons.
(a) Principe de fonctionnement ; (b) mesure de l'augmentation de l'angle de réflexion total d'un supermiroir $2\theta_c$.

4.2. Brosses denses de polymères

Les systèmes polymériques ont été extrêmement étudiés depuis un quinzaine d'année par réflectivité de neutrons car leurs distances caractéristiques (de l'ordre de 50 Å à 1 000 Å) sont les mêmes que celles accessibles lors des expériences. Nous présentons une étude [12] qui montre les principaux avantages proposés par la réflectivité de neutrons pour la caractérisation des polymères aux interfaces : deutériation sélective des chaînes et mesure de la conformation des chaînes à une interface (solide/liquide ou air/liquide) en bon solvant. Le système présenté est composé de brosses de polystyrène greffées sur une surface de silicium. Un procédé développé au LMPB à Lyon [13] permet de contrôler à la fois la densité surfacique de chaînes σ présentes à la surface et le nombre d'unités de répétitions N par chaîne dans ces brosses. Les chaînes poussent directement depuis la surface.

4.2.1 Brosses sèches

Dans un premier temps, les brosses sèches (hors solvant) ont été caractérisées en fonction de σ et de N. En l'absence de solvant, les chaînes sont effondrées sur la surface et l'épaisseur h de la couche varie linéairement avec h et σ. Trois couches ont été synthétisées (avec des monomères hydrogénés en variant soit σ à N constant, soit N à σ constant ($\sigma = 0,5\ chane/nm^2$, N = 120 ; $\sigma = 1\ chane/nm^2$, N=120 ; $\sigma = 1\ chane/nm^2$, N=270). Les mesures, réalisées à l'interface air/silicium, sont présentées sur la figure 12. Les franges de Kiessig dues à la présence des couches apparaissent nettement et permettent de fitter les courbes sans ambiguïté avec une fraction volumique Φ de polymère de 1. Les épaisseurs obtenues respectivement pour les couches (h = 110 Å, 220 Å et 470 Å) vérifient $h \propto N\sigma$. Cette première étude permet une bonne caractérisa-

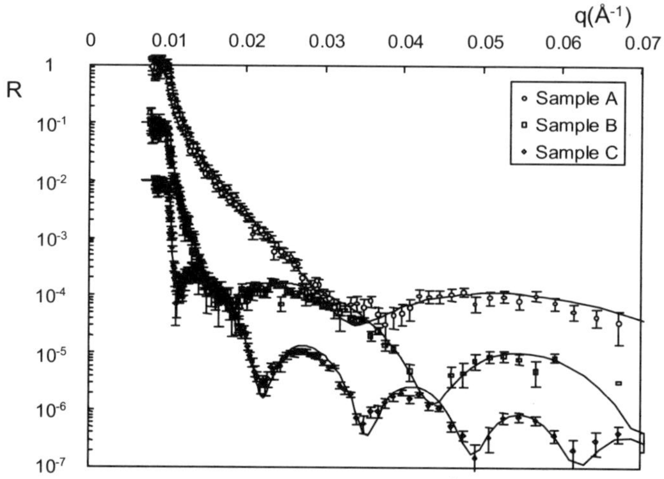

Figure 12. Mesure des brosses à sec. Les courbes sont décalées d'un facteur 10 (sample B) ou 100 (sample C) pour une meilleure lisibilité. Les franges sont d'autant plus rapprochées que l'épaisseur est épaisse.

tion les couches mais aurait pu être menée par d'autres techniques moins coûteuses comme l'ellipsométrie, ce qui n'est plus vrai pour les deux parties suivantes.

4.2.2 Deutériation sélective d'une partie de la chaîne

Afin de tester l'homogénéité de la croissance des chaînes pendant la synthèse, une brosse spécifique a été réalisée : la croissance a été initiée avec des monomères de styrène deutérés, interrompue, puis reprise avec des monomères hydrogénés. En fin de synthèse, la brosse se comporte comme un seul objet physique (une brosse de polystyrène). Par contre, du point de vue du contraste neutronique, le système se présente comme une double couche qui garde une mémoire de l'histoire de la croissance de la couche. Si la couche a poussé de façon homogène, il n'y aura qu'une faible épaisseur de recouvrement entre les couches deutérées et hydrogénées en fin de synthèse. la mesure de la réflectivité permet de mesurer cette épaisseur de recouvrement (ou d'interdiffusion) avec précision. La courbe, mesurée à l'interface air/silicium, est présentée sur la figure 13. Les franges apparaissent à des intervalles irréguliers. En effet, le système est composé de trois couches : une couche de PSD, une couche de PSH et une couche de PSH-PSD. S'il n'y avait pas d'interdiffusion, on verrait essentiellement la couche de PSD bien définie (ayant un très bon contraste par rapport à l'air) et donc des oscillations lentes et régulières (voir les fits modèles de la couche 13). Au contraire, si l'interdiffusion était très importante, le signal des couches de PSD et de PSH disparaîtrait (les couches étant trop mal définies) et on obtiendrait uniquement le signal de la couche PSH-PSD, et donc des oscillations rapides et régulières. Entre ces deux

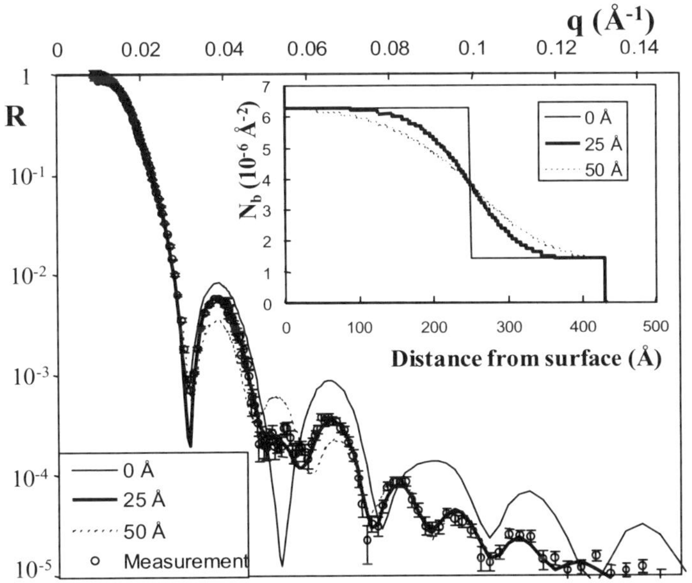

Figure 13. Mesure expérimentale de la réflectivité de la brosse de PSH-PSD. L'encart présente le profil de densité de longueur de diffusion de neutrons (et donc de la composition chimique) en fonction de la distance à la surface.

limites, l'apparition et la disparition successives de certaines franges d'interférences en fonction de la variation de l'épaisseur d'interdiffusion permet de déterminer cette épaisseur de façon très précise. Sur l'exemple présenté, cette épaisseur est de 25 Å, sur une épaisseur totale de couche de 430 Å (250 Å de PSD et 180 Å de PSH), ce qui montre le très bon contrôle de la croissance des couches pendant la synthèse.

4.2.3 Conformation des brosses en bon solvant

La conformation des brosses dans un bon solvant du polystyrène, le toluène, a été mesuré sur deux des brosses complètement hydrogénées étudiées dans la partie 3.2.1 avec σ variable et N constant ($\sigma = 0,5\ chane/nm^2$, N= 120 ; $\sigma = 1\ chane/nm^2$, N=120). La mesure a été effectuée dans du toluène deutéré afin d'obtenir un bon contraste entre les chaînes de polymère et le toluène. Cette mesure n'aurait été possible ni avec des rayons X, ni avec des brosses de PSH dans du toluène hydrogéné, par manque de contraste. La mesure est faîte à l'interface silicium/toluène en passant par le silicium (*cf.* fig. 9d).

Les courbes expérimentales sont présentées sur la figure 13 et comparées avec les courbes théoriques des réflectivités qui auraient été obtenues, dans cette géométrie de mesure, si le toluène avait été un mauvais solvant du polystyrène. Trois effets apparaissent clairement : les franges sont moins marquées, leurs positions ont été décalées vers les petits q (donc vers les grandes distances dans l'espace réel) et le niveau de la réflectivité est abaissé. Ces trois effets s'expliquent qualitativement par le gonflement des couches par le solvant : l'interface couche/solvant est moins bien définie, l'épaisseur de la couche a augmenté et le contraste brosse/solvant a diminué (puisque la brosse contient elle même du solvant). Le fait que les franges soient encore visibles est une propriété remarquable de ces couches de haute densité car le profil d'un polymère généralement obtenu en bon solvant est mou et fait complètement disparaître les

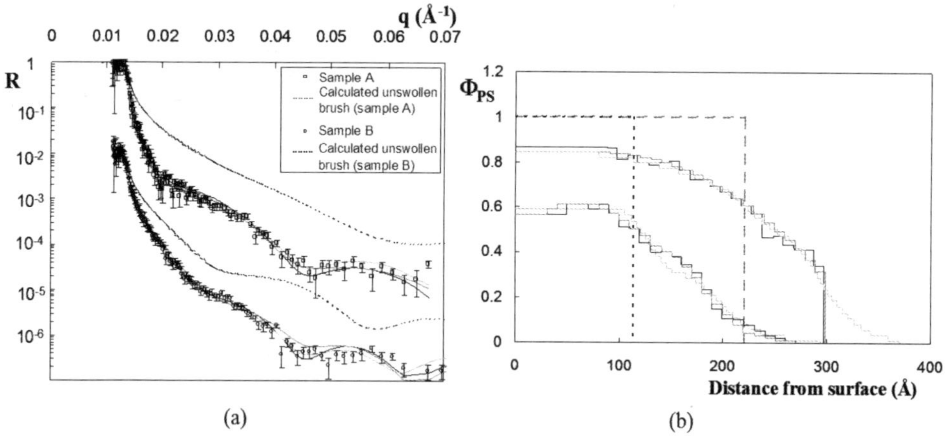

Figure 14. (a) Réflectivité expérimentale de brosses gonflées par un bon solvant. Les courbes relatives à l'échantillon B sont décalées d'un facteur 100 pour une meilleur lisibilité. Les courbes calculées en pointillé correspondent aux réflectivités qui auraient été obtenues si le toluène avait été un mauvais solvant du polystyrène. (b) Profils correspondants aux fits de la partie (a).

franges. Les positions des franges sont situées aux mêmes valeurs de q pour les deux couches. Ceci est dû au fait que les deux couches ont même N et que l'extension maximale de la couche gonflée est la même dans les deux cas. Pour chacune des courbes expérimentales, nous présentons trois profils expérimentaux permettant de fitter correctement les points expérimentaux. Ceci montre la difficulté d'obtenir un résultat univoque lors du traitement des données. Les profils sont néanmoins proches et ont permis aux auteurs de montrer que la loi de gonflement de ces couches de hautes densité varie qualitativement en $h/N \propto \sigma^{1/2}$ contre $h/N \propto \sigma^{1/3}$ pour les couches de basse densité usuellement reportées dans la littérature.

4.3. Interdiffusion entre polymères

Cette partie traite de l'interdiffusion entre des chaînes d'homopolymères au-dessus de la transition vitreuse et est une nouvelle illustration des possibilités offertes par la deutériation sélective des chaînes. Le principe de l'expérience est le suivant : on dépose par centrifugation (spin coating) une première couche de polymère (ici du polystyrène deuteré) sur un wafer de silicium en dessous de sa température de transition vitreuse. La technique permet facilement de préparer des couches présentant des rugosités de surface de l'ordre de 10 Å. On dépose ensuite une seconde couche du même polymère dans sa version hydrogénée. Les chaînes de cette seconde couche peuvent être réticulées (élastomère) ou non (fondu). On mesure alors dans un premier temps la courbe de réflectivité du système en dessous de la température de transition vitreuse puis, dans un second temps, après un certain nombre d'heures passées par l'échantillon au-dessus

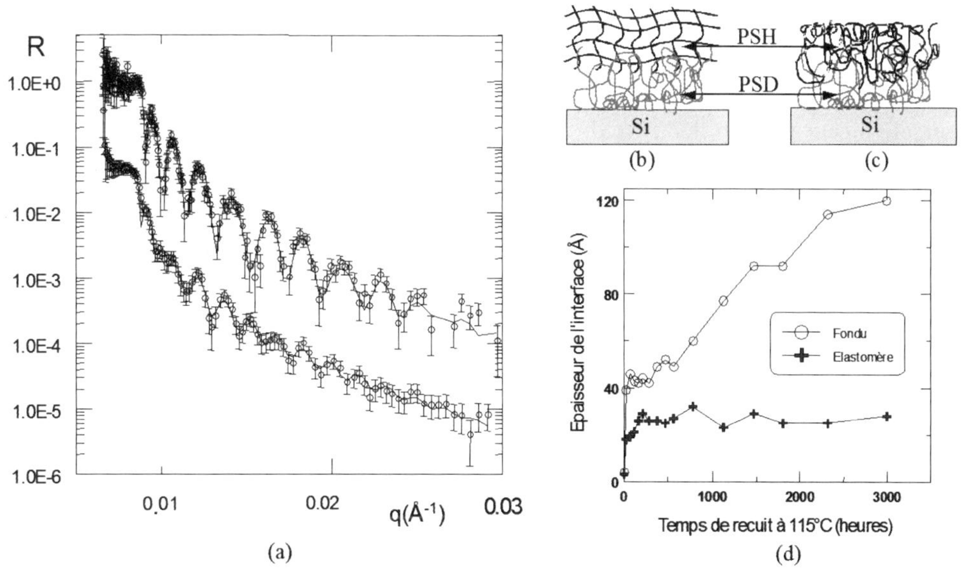

Figure 15. (a) Réflectivité avant et après une heure de recuit ; (b) interface fondu/élastomère ; (c) interface fondu/fondu ; (d) augmentation de l'épaisseur de l'interface en fonction du temps de recuit.

du seuil de transition vitreuse. La migration des chaînes entraîne l'élargissement de l'interface entre les couches hydrogénées et deutérées et amortit donc considérablement les franges de Kiessig du système (fig. 15a). L'amortissement des franges permet de calculer finement l'épaisseur de la couche d'interdiffusion (*cf.* partie 3.2.2). La figure 15d récapitule l'ensemble des résultats obtenus pour les interfaces fondu/fondu et fondu/élastomère. L'épaisseur de la couche d'interdiffusion augmente en fonction du temps de recuit dans le cas fondu/fondu alors qu'elle se stabilise assez vite à une valeur finie dans le cas de l'interface fondu/élastomère car les chaînes ne peuvent diffuser librement sur une grande distance dans un réseau réticulé.

4.4. La variation de contraste appliquée à l'étude d'un système biologique

Ce dernier cas montre un exemple concret de variation de contraste sur un système biologique. Il a été réalisé par Bernard Cathala (INRA de Reims, France) [14]. Le but de cette étude est de comprendre comment la lignine, composant principal du bois, polymérise de façon asymétrique depuis la paroi des cellules des plantes. Cette polymérisation se fait depuis une milieu constitué de polysaccharides, la paroi des cellules étant composé de deux réseaux de polymères naturels enchevêtrés, l'un constitué de polysaccharides et l'autre de lignine.

Afin de reproduire in vivo une telle paroi pour en déterminer sa structure à l'amorce de la polymérisation, un architecture modèle, présentée figure 16a, a été conçue. Des polysaccharides (pectines) ainsi que de la peroxydase (enzyme catalysant la réaction) ont été greffées sur la surface de façon covalente. Les monomères de lignine (alcool conifèrylique) ont alors polymérisé depuis la surface silicium/eau. **Deux polymérisations ont alors été effectuées, l'une avec des monomères de lignine hydrogénés, l'autre avec des monomères deutérés.**

Les deux systèmes, strictement équivalents d'un point de vue physicochimique, ont alors été mesurés par réflectivité de neutrons à l'interface silicium/eau. Dans le premier cas (polymérisation avec les monomères hydrogénés), de l'eau lourde a été utilisée. La lignine et le polysaccharide ayant des contrastes proches, on mesure dans ce cas la conformation de la couche mixte à la surface (fig. 16b). La courbe est présentée sur la figure 16d. Elle présente une oscillation caractéristique de la formation d'une couche dense à la surface. Dans le second cas (polymérisation avec les monomères deutérés), le solvant utilisé est un mélange eau légère/eau lourde ayant le même contraste que le polysaccharide hydrogéné (fig. 16c). On ne voit plus alors que la lignine. La courbe, mesurée (fig. 16.e) ne présente plus l'oscillation et est proche de la réflectivité de Fresnel. Il n'y a donc en fait pas de lignine dans le voisinage immédiat de la paroi. La modélisation des courbes expérimentales confirme cette analyse qualitative. Puisque la lignine n'est pas présente dans la paroi cellulaire, et qu'elle ne peut polymériser que de façon asymétrique de l'extérieur de la cellule vers l'intérieur de la cellule.

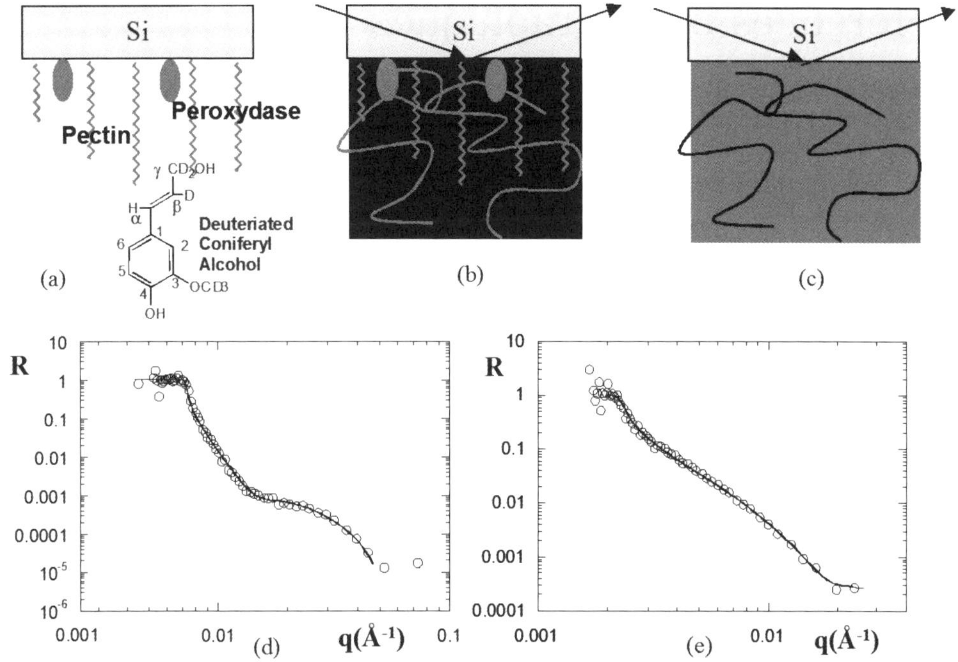

Figure 16. Variation de contraste sur le système polysaccharide (pectine)/lignine[9].
(a) Géométrie utilisée. (b) Contraste du système : polysaccharide et lignine hydrogénés dans l'eau lourde. (c) Contraste du système : polysaccharide hydrogéné et lignine deutérée dans un mélange eau lourde/eau légère réalisant l'extinction du polysaccharide. (d) Courbe correspondant à la situation b. (e) Courbe correspondant à la situation c.

Remerciements

Les auteurs remercient J. Jestin pour sa relecture attentive du manuscrit et la pertinence de ses remarques.

9. Puisque le contraste entre le silicium et le solvant diffère entre l'expérience (b) et l'expérience (c), le vecteur d'onde de réflexion critique change entre les deux expériences, ce qui décale la position du plateau.

Références bibliographiques

[1] PENFOLD J., THOMAS R. K., *J. Phys. Condens. Mat.*, 2, 1990, 1369-1412.
Polymères aux interfaces
LEE L. T., GUISELIN O., LAPP A., FARNOUX B., PENFOLD J., *Phys Rev Lett*, 67 (20), 1991, 2839-2841.
GUISELIN O., LEE L. T., FARNOUX B., LAPP A., *J. Chem. Phys.*, 95 (6), 1991, 4632-4640.
LEE L. T., JEAN B., MENELLE A., *Langmuir*, 15, 1999, 3267-3272.
MARZOLIN C., AUROY P., DERUELLE M., FOLKERS J. P., LÉGER L., MENELLE A., *Macromolecules*, 34, 2001, 8694.
Copolymères aux interfaces
RUSSEL T. P., MENELLE A., HAMILTON W. A., SMITH G. S., SATIJA S. K., MAJKRZAK C. F., *Macromolecules*, 24, 1991, 5721-5726.
FIELD J. B., TOPRAKCIOGLU C., BALL R. C., STANLEY H. B., DAI L., BARFORD W., PENFOLD J., SMITH G., HAMILTON W., *Macromolecules*, 25, 1992, 434.
Interdiffusion entre polymères (fondu/fondu, fondu/réseau) :
GEOGHEGAN M., BOUÉ F., BACRI G., MENELLE A., BUCKNALL D. G., *EUR. PHYS. J. B.*, 3, 1998, 83-96.
GEOGHEGAN M., CLARKE C. J., BOUÉ F., MENELLE A., RUSS T., BUCKNALL D. G., *MACROMOLECULES*, 32, 1999, 5106-5144.
SCHNELL R., STAMM M. AND CRETON C., *MACROMOLECULES*, 31, 1998, 2284-2292.
SCHNELL R., STAMM M. AND CRETON C., *MACROMOLECULES*, 32, 1999, 3420-3425.
POLYELECTROLYTES AUX INTERFACES
TRAN Y., AUROY P., LEE L. T., *MACROMOLECULES*, 32, 1999, 8952-8964.
MULTICOUCHES POLYECLECTOLYTES
STEITZ R., LEINER V., SIEBRECHT R., VON KLITZING V., *COLLOIDS AND SURFACES A*, 163, 2000, 63-70.
COPOLYMÈRES HYDROPHOBE-POLYELECTROLYTES AUX INTERFACES
ROMET-LEMONNE G., DAILLANT J., GUENOUN P., YANG J., MAYS J. W., *PHYS REV LETT*, 93(14), 2004, 8301.

[2] Voir par exemple FRAGNETO-CUSANI G., *J. Phys. : Condens. Matter*, 13, 2001, 4973-4989.

[3] FERMON C., OTT F. and MENELLE A., *Neutron reflectivity*, p. 163 ; DE BERGEVIN F., p. 3, *in* DAILLANT J. and GIBAUD A. (eds), *X-Ray and Neutron Reflectivity : Principles and Applications*, Springer Lecture Notes in Physics, Berlin 1999.

[4] RUSSELL T. P., *Materials science reports*, 5, 1990, 171-271.

[5] FERMI E., *Nuclear Physics*, University of Chicago Press, 1949.

[6] SEARS V. F., *Neutron News*, 3, 1992, 26-37.

[7] Différents tableaux périodiques sont accessibles depuis le site : http ://www.neutron.anl.-gov/reference.html.

[8] http://www.studsvik.uu.se/research/NR/reflect.htm.

[9] http://www-llb.cea.fr/.

[10] http://www.ill.fr/.

[11] http://www.grenoble.cnrs.fr/.

[12] DEVAUX C., COUSIN F., BEYOU E., CHAPEL J. P., *Macromolécules*, 38 (10), 2005, 4296-4300.

[13] DEVAUX C., BEYOU E., CHAUMONT Ph., CHAPEL J. P., *Eur. Phys. J. E.*, 7 (4), 2002, 345 ; DEVAUX C., CHAPEL J. P., *Eur. Phys. J. E.*, 10 (1), 2003, 77.

[14] CATHALA B., COUSIN F., MENELLE A., http://www-llb.cea.fr/activ01-02/p122-123.pdf.

Chapitre 6

Basics of Scanning Angle Reflectometry and Application for Nanoparticulate Films

Erzsébet HILD and Zoltán D. HÓRVÖLGYI

1. Introduction

The optical properties of thin films arise from reflection and interference if the light scattering is negligible. Optical techniques, including reflectometry, ellipsometry, and optical waveguides, are some of the most common for studying, in situ, films of macromolecules (biological materials) and particles attached to solid substrates.

Some techniques measure the intensity of light reflected from a thin film over a range of wavelengths, at a certain angle of incidence (spectral reflectance) from which the thickness of the transparent films can be determined from 10 nm up to 250 μm. Instruments are available commercially (see e.g. "NanoCalc Thin Film Reflectometry System" [1] or "nkd-8000" [2]).

The Scanning Angle Reflectometry (SAR), based on the investigation of reflected light intensities using monochromatic laser source at different angles, allows one to characterize the refractive index as well as the thickness of thin layers on different substrates. If we know the refractive index of a (porous) layer and of its bulk materials the porosity of the layer can be calculated. The main advantage of this technique compared to reflectance spectroscopy is that the dispersion (wavelength dependence of refractive index) does not need to be taken into consideration.

Scanning Angle Reflectometry, carried out around the Brewster angle of the substrate (substrate-medium interface), is especially sensitive to study the optical properties of ultrathin (even molecular) films up to ca. 100 nm thicknesses. Hence, SAR [3-5] together with Brewster Angle Microscopy (BAM) [6] are powerful tools for the investigation of very thin layers of nanoparticles (or molecules) deposited or spread on the surface of a bulk material. Now, we focus our attention to these methods. Both reflectance methods are nondestructive and can be applied in-situ, and can be realized by the same optical set-up (fig. 1). They use the special property of p-polarized light waves (the plane of the wave polarization is parallel to the plane of incidence) : that the reflectance of a perfectly abrupt, smooth (Fresnel) interface between the medium of incidence and a semi-infinite bulk is zero at the Brewster angle. Any deviation of abruptness – a rough interface or an interfacial layer increases the reflectance. In a BAM device, the sample is illuminated with a p-polarized laser light beam incident exactly at the Brewster angle. The clean substrate appears dark, while anything added onto the surface appears as light or bright spots (fig. 2).

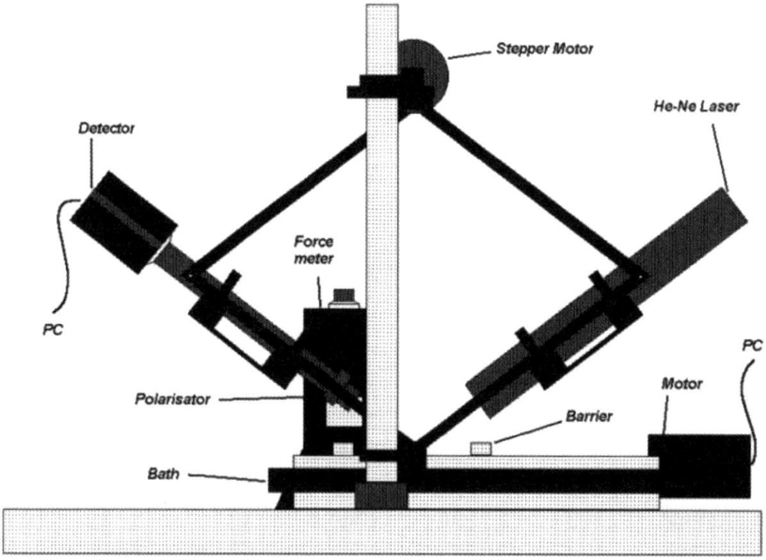

Figure 1. Measuring set-up: SAR/BAM instrument coupled to a Wilhelmy film balance. If one use solid substrate, the trough is replaced for the sample.

SAR, on the other hand, measures reflectivity as a function of the angle of incidence, $R(\theta)$, typically near the Brewster angle. The reflectance curves are compared to that of the clean surface, which exhibits a minimum ; this minimum shifts, the minimum reflectance increases if an interface layer is present (fig. 3). Even layers of few nanometers thick cause well detectable change in the shape of the $R(\theta)$ curves.

The question is how to extract reliable information about the structure of layer formed by nanoparticles and about the particles themselves from the reflectance measurements. The simplest method of evaluation is when one approximates the particulate with a homogeneous one and **finds the effective refractive index n_{eff} and thickness** d_{hom} that corresponds most closely to the measured reflectance curve. **This approach is valid to nanoparticulate layers if the particles are small compared to the wavelength and their refractive index does not differ much from that of the host material** [7]. For particles of size comparable with the wavelength, the light scattering must be taken into

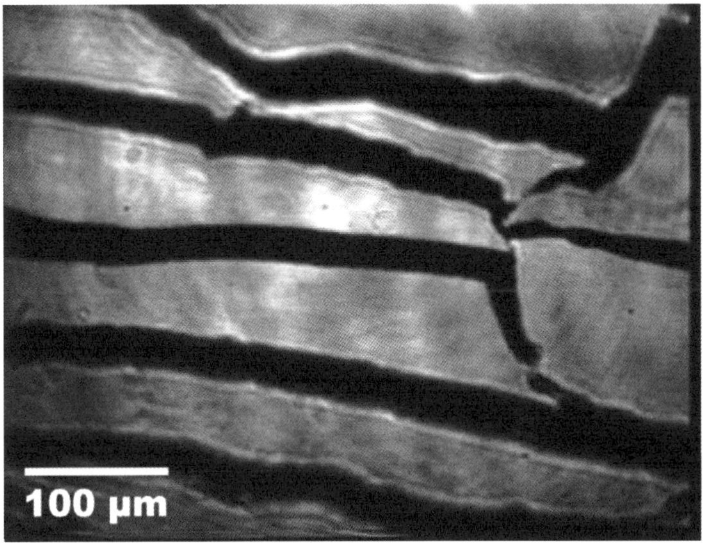

Figure 2. BAM image of 40 nm diameter silica spheres at water-air interface. The bright area corresponds to the silica monoparticulate layer domains, and the clean water surface appears in dark.

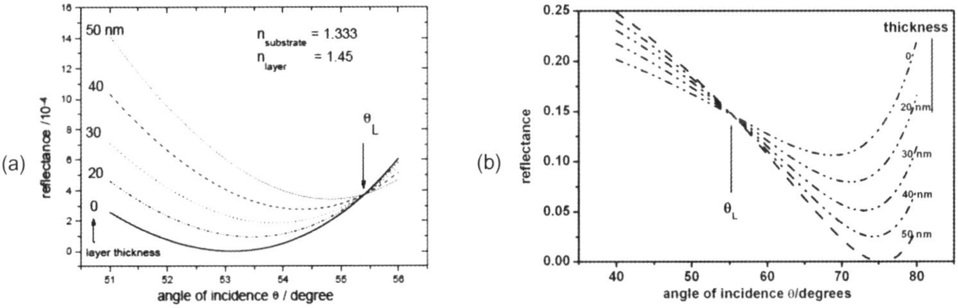

Figure 3. Simulated $R(\theta)$ curves of homogeneous silica layers on water (a) and silicon (b) surfaces, at different thickness values for p-polarized laser light, $\lambda = 632,8$ *nm*. Note that the reflectance is the same as that of the substrate at the angle θ_L.

account [8]. Even for particles considerable smaller than the wavelength and light scattering negligible, the uniform layer model breaks down when there is considerable refractive index change within a fraction of wavelength range in the layer. For this case we present a method, which still assumes the layer continuous with respect to the light wave and laterally homogeneous, but takes in-depth inhomogeneity into account, that is, approximates the particulate film with a layer of gradient refractive index.

2. The optical models

Reflectance in the uniform layer model

All of the following models can be applied both for particles-on-solid (particles cannot immerse in the substrate, fig. 4a) and particles-on-liquid (particles can immerse in the substrate, fig. 4b) systems. The only difference between them that the investigated film of particles consists of three phases for the latter case.

Figure 4. Solid particles on solid (a) and on liquid (b) substrate. The solid particles at fluid-liquid interface partially immersed into the liquid phase.

The reflectance of a **homogeneous layer on semi-infinite substrate** can easily be derived on the basis of thin layer optics. The interfaces between air-layer and layer-substrate are characterized by the Fresnel reflectance coefficients r_{01} and r_{12},

$$r_{ik} = \frac{q_i - q_k}{q_i + q_k}, \text{with } q_i = \frac{\sqrt{n_i^2 - n_0^2 \sin^2(\theta)}}{n_i^2}, \tag{1a}$$

when the incident light beam is p-polarized.

n_0, n_1 and n_2 are the refractive indices of air, layer and substrate, respectively, and θ is the angle of incidence. The phase change of the light wave of wavelength λ in the layer of thickness d is δ,

$$\delta = 2\pi \cdot d/\lambda \cdot \sqrt{n_1^2 - n_0^2 \sin^2(\theta)}, \tag{1b}$$

and the formula for the reflectance is

$$R = \frac{r_{01}^2 + r_{12}^2 + 2r_{01}r_{12}\cos(2\delta)}{1 + r_{01}^2 r_{12}^2 + 2r_{01}^2 r_{12}^2 \cos(2\delta)}. \tag{1c}$$

Calculated reflectance curves are shown in figure 3a-b for silica layers both on water and on silicon substrates. The layer thickness varied from 10 to 50 nm, and the refractive index values [9] $n_1 = 1.45$ and $n_2 = 1.333$ were used for silica and water, respectively. For silicon surface n_2 was taken as 3.846. The reflectance of the uncovered substrate is $R_s = r_{02}^2$, and this is zero at the Brewster angle (θ_B) of the substrate material,

$$\theta_B = \arctan(n_2/n_0). \tag{2}$$

All the reflectance curves in figure 3 intersect at a certain angle, where the reflectance is the same as that of the bare substrate. This is the Brewster angle of the layer material, θ_L, where the reflection coefficient of the air-layer interface vanishes ; $r_{01} = 0$. This fact provides us a simple tool to estimate the effective refractive index of the layer,

n_{eff}, comparing the reflectance curve of the system to that of the bare substrate, and finding the angle of intersection θ_L,

$$n_{eff} = n_0 \tan(\theta_L). \tag{3}$$

The gradient-layer model for a monolayer of particles (allowing partial immersion in water)

We constructed a simplified model [10] for the monolayer of silica particles, shown in figure 5 : The particles are assumed spherical of uniform size and arranged hexagonally at the air-substrate interface (the xy) plane. The silica spheres can be partially submerged in the substrate-water in our case. That means that the water-air interface is inside the layer ; h is the immersion depth. The particle diameter is d ; distance between the particle centers is D. The layer thickness was assumed equal to the particle diameter, d. We also allowed partial coverage of the water surface by layer domains, that is, the measured reflectance R_m was assumed a combination of reflectance from the layer R and that from the bare substrate R_s :

$$R_m = \gamma R + (1-\gamma) R_s \tag{4}$$

The whole system was considered laterally homogeneous, but in-depth inhomogeneity was taken into account by a z-dependent refractive index function, $n(z)$. The refractive index function can be approximated by a suitable *effective medium approach* [11], by calculating the refractive index at a depth z from the volume fraction of the components at that depth and from their bulk refractive indexes.

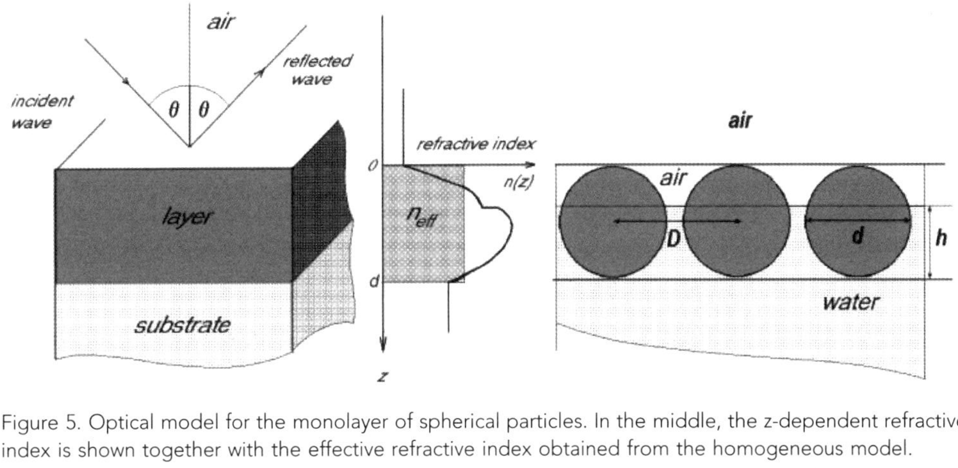

Figure 5. Optical model for the monolayer of spherical particles. In the middle, the z-dependent refractive index is shown together with the effective refractive index obtained from the homogeneous model.

In the regular hexagonal arrangement, the volume fraction (α) of silica at depth z is

$$\alpha = \frac{2\pi}{D^2\sqrt{3}} z(d-z). \tag{5}$$

The refractive index function can be derived both from the Lorentz-Lorenz formula

$$\frac{n_{eff}^2 - 1}{n_{eff}^2 + 2} = \alpha \frac{n_s^2 - 1}{n_s^2 + 2} + (1-\alpha)\frac{n_h^2 - 1}{n_h^2 + 2} \tag{6}$$

or from the Bruggeman formula [6]

$$\alpha \frac{n_s^2 - n_{eff}^2}{n_s^2 + 2n_{eff}^2} + (1-\alpha)\frac{n_h^2 - n_{eff}^2}{n_h^2 + 2n_{eff}^2} = 0, \tag{7}$$

where n_s is the refractive index of silica, n_h is the refractive index of the host material, which is air for $0z \leq (d-h)$ and water for $dz(d-h)$. Équations (6) and (7) also make it possible to calculate the porosity of a layer if we know the refractive indexes of the layer and the bulk materials, as well.

The interfaces are parallel to the (xy) plane, the system is assumed laterally homogeneous, but the refractive index changes in the direction normal to the interfaces, and this change is abrupt at the water-air interface inside the layer. If the thickness of the layer (d) is less than the wavelength the most convenient way to calculate the reflectance is in terms of the optical admittance.

The (relative) optical admittance (Γ) is defined by the ratio of the tangential magnetic (H_t) to the tangential electric (E_t) field components, which are continuous throughout the system [12-13]

$$\Gamma = -\sqrt{\frac{\mu_0}{\varepsilon_0}}\frac{H_t}{E_t}, \tag{8}$$

where ε_0 and μ_0 are the dielectric permittivity and magnetic permeability of vacuum.

For p polarized light, Γ satisfies the following first order differential equations (λ is the wavelength of the incident light, θ is the angle of incidence and $n(z)$ is the z dependent refractive index, n_0 is the refractive index of the medium of incidence) :

$$d\Gamma/dz = -2\pi i/\lambda\Big((1 - \frac{n_0^2 \sin^2\theta}{n^2(z)})\Gamma^2 - n^2(z)\Big). \tag{9}$$

The optical admittance of a single traveling wave in a homogeneous medium of refractive index n_i is called the wave admittance of that medium, η_i. For p-polarized light wave,

$$\eta_i = -\frac{n_i}{\sqrt{(1 - \frac{n_0^2}{n_i^2}\sin^2\theta)}}. \tag{10}$$

The reflectivity of the system is expressed by the surface value of the optical admittance, $\Gamma(0)$ and the wave admittance of the incident wave (η_0) defined by (10) :

$$R = \left|\frac{\eta_0 - \Gamma(0)}{\eta_0 + \Gamma(0)}\right|^2. \tag{11}$$

As there is only one single traveling wave in the substrate, $\Gamma(d) = \eta_s$ at the interface between the particulate layer and substrate. Starting from this boundary condition, and solving the differential equation numerically for $z = 0$, the **reflectivity can be calculated if the $n(z)$ function is known.**

In order to find if the uniform layer approximation can be used to our gradient layer model, we simulated the $R(\theta)$ curves of the layer of 40 nm diameter particles, calculating $n(z)$ from the volume fraction (5) and the Lorentz-Lorenz formula (6) (using the refractive index values 1.450 for silica, 1.333 for water and 1.000 for air), and evaluated these simulated reflectance curves by the uniform layer method. The results are shown in figure 6. It is evident that the uniform layer method can result in quite erroneous thickness data when the particles float high, because of the strong inhomogeneity of the refractive index inside the layer.

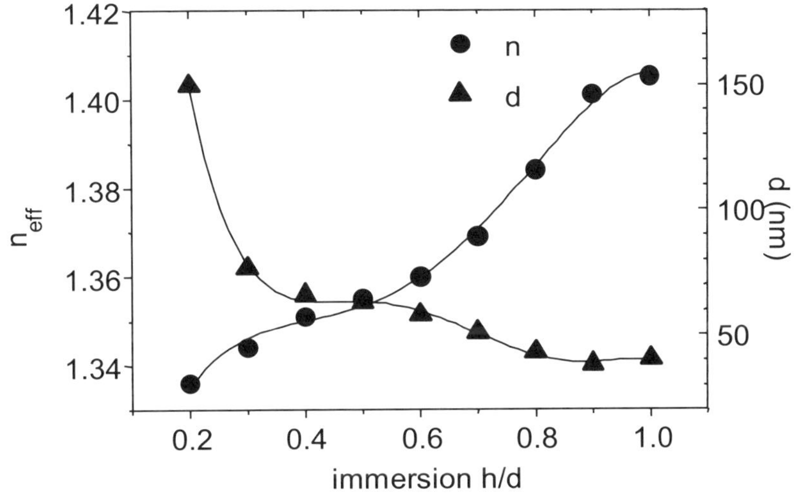

Figure 6. Refractive index and layer thickness data obtained for the monolayer of particles when evaluated using the uniform layer model ($d = D = 40$ *nm*, i.e. for close-packed monoparticulate layer).

3. Details of experimental determinations

Instruments

The construction of our home-made SAR instrument is shown in figure 1. The source is a 17 mW polarized-beam HeNe laser, (Melles Griot, $\lambda = 632.8$ *nm*) and a PD200 silicon photodiode (Edmund Industrial Optics) is used as a detector. The same set-up can be used in BAM arrangement, replacing the detector with a CCD video camera. In the vertical arrangement shown, the source arm and detector arm move simultaneously, driven by a Little Step-U unipolar stepper motor. The layers were investigated in a Wilhelmy film balance (at air-water interface) or on silicon substrate. The whole measurement – control of the motors, setting the angle, collecting data is fully computer controlled.

Materials

For the experiments at water-air interface : The silica nanoparticles of about 40 nm diameters was produced by Stöber method [14] from ethanol, ammonium hydroxide and tetraethyl orthosilicate. One kind of sample was used as formed (hydrophilic sample), the other part was surface treated by trimethyl-silyl-N, N-dimethyl-carbamate, in order to render the particles hydrophobic. The samples were used from the alcosols. The solid content of the sols was determined from the amount of solid residuum after evaporating the solvent at 80 °C. Diameter of the particles was determined from the TEM image of layers transferred on Formvar coated grids. Details of sample preparation and characterization have been described elsewhere [15, 16].

For the silicon-air interface : the different sized silica particles, with 48, 74 and 150 nm diameters were also synthesized by the Stöber method and used as formed.

Film preparation

Film preparation at water-air interface (Langmuir films of particles) : The silica particles were spread onto the water surface in the trough of the Wilhelmy film balance from a 1:2 mixture of the alcosol and chloroform (ultra resi-analysed 99.8%, J. T. Baker Inc.), after homogenizing the mixture in an ultrasonic bath for 10 minutes. We used distilled water purified with a Millipore Milli Q Filtration System.

Prior to the reflectance measurements, surface pressure-surface area isotherms were measured (fig. 7) and the collapse of the layer was determined [15, 16]. The amount of silica spread onto the water surface was 0.59 mg in the case of the hydrophilic samples and 0.53 mg in the case of the hydrophobic ones. The area of the trough was 250 cm^2 ; the isotherms were taken at the rate of 33.5 cm^2/min from 230 cm^2 to 25 cm^2.

Film preparation at silicon-air interface (Langmuir-Blodgett films of particles [17]) : The nanoparticulate films on silicon supports were prepared by the Langmuir-Blodgett (LB) technique transferring the Langmuir film onto the silicon support. Prior to LB film preparation the surface pressure-area isotherms were obtained for the characterisation of the samples. The film transfer was accomplished in a separate experimental run. Before spreading the particles the silicon substrate was immersed into the water. At 80% of the collapse pressure of the sample, the silicon slide was educed from the water in vertical direction, and dried for 10 minutes under a 50 W lamp.

Reflectivity measurements

For water-air interface : the reflected light intensity was measured around 53.1°, the Brewster angle of the phase-pair, at 0.1° or 0.05° steps. First the reflectance curve of pure water was scanned, than the layer was spread and the moving barrier of the film balance set to the desired surface pressure, and then the reflectance curve of the layer was measured. Twenty measurements were taken at each angle and the data averaged. The angles, averaged data and standard deviations were stored in the measurement data file for further procession. All measurements were performed at room temperature, $T = (22 \pm 1)\ °C$.

For the silicon substrate : the measurements were carried out by the same manner than for that of the water substrate. Due to the limited angle-range of our instrument

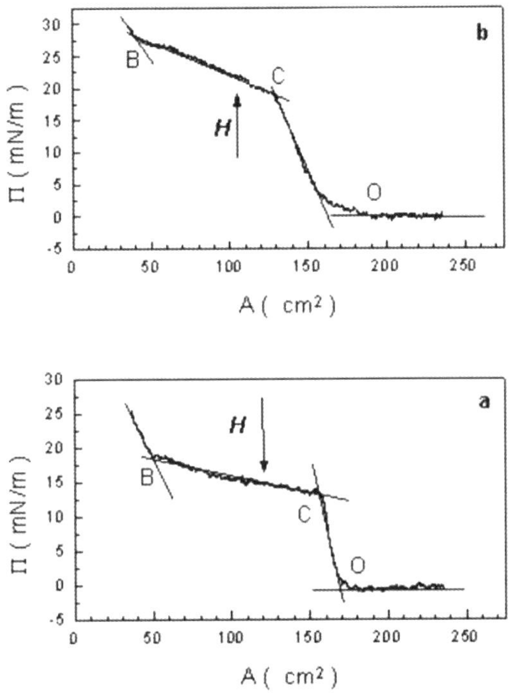

Figure 7. Typical surface pressure (Π)-surface area (A) isotherm of a hydrophilic (a) and a hydrophobic (b) surface layer. **O** is the starting point of the raising segment of the isotherm at $\Pi = 0$, **C** is the collapse point of the two-dimensional gel structure, **B-C** is the range of irreversible structural changes when the particles are removed from the interface, **B** is the point where the nanoparticulate layer breaks up (for the case of hydrophobic particles a buckling type collapse occurs. As a consequence of this type of collapse the particles cannot leave the interface irreversibly). **H** denotes the minimal area of the monolayer in hexagonal arrangement of the particles.

the reflected light intensities were only studied around the Brewster angle of the layer material (around the point of intersection, see figure 3).

4. Evaluation and results for particles at water-air interface

We evaluated the measured intensity versus angle curves by applying a Levenberg-Marquardt curve-fitting procedure to fit the theoretical reflectance to the experimental data. In the calculations, the following refractive index values were used : *1.000* for air, *1.333* for water and *1.450* for silica [16]. First we converted the measured intensity curves (fig. 8) to reflectance, using the water curve for calibration. The light intensity reflected from the bare water surface is

$$I_w = I_0 + A\, r_{02}^2(\theta + \Delta). \tag{12}$$

where I_0 is the residual intensity, A is the amplification, Δ is the angle-shift, r_{02} is the Fresnel reflection coefficient (1a) of water. The $R(\theta)$ curves were obtained from the $I_R(\theta)$ data, by using the parameters of the water curve that had been measured just before spreading the layer onto the water surface.

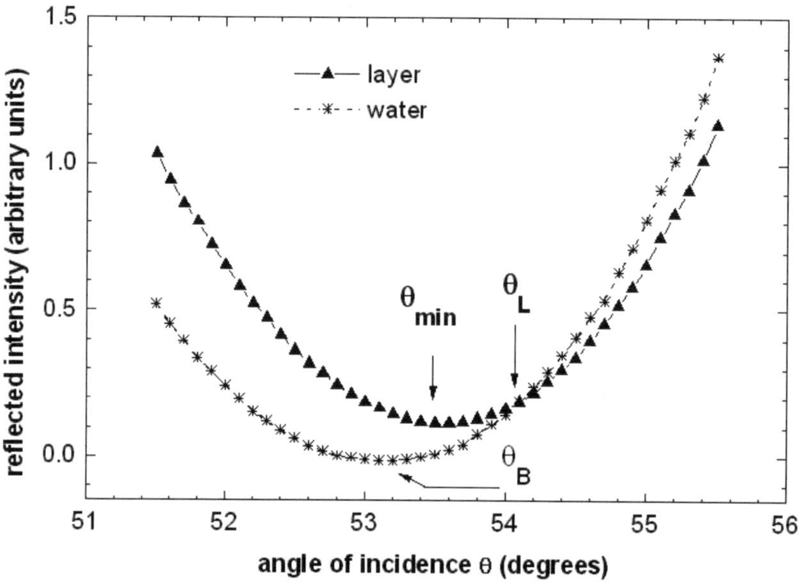

Figure 8. Typical measured reflectance curves: reflected intensity versus angle of incidence both for water and spread layer. θ_B is the Brewster angle of the water substrate; θ_L is the same for the layer. In the frames of the homogeneous model, n_{eff} and d_{hom} can be obtained by a fitting procedure, but n_{eff} can be estimated also from the intersection of the two curves ($n_{eff} = \tan\theta_L$).

The corrected reflectance curves were evaluated using both the uniform and the gradient layer models. The results of those measurements, which were taken along the OC segment of the isotherm (fig. 7) have been averaged and the averaged values collected in table 1. The pressure dependence, where it was significant, is presented in figures 9a, b, and c.

4.1. Results from the uniform layer model

The parameters obtained with this model were the effective refractive index n_{eff}, and the layer thickness, d_{hom}. The n_{eff} values were systematically higher for the hydrophilic layers than for the hydrophobic ones. The higher refractive index in the hydrophilic case can be explained with the deeper submergence of these particles, so the volume fraction of water over that of air was higher for them as for the hydrophobic ones. On the other hand, we obtained layer thickness data, which were coherent with the particle diameter only for the hydrophilic particles, and they appeared much higher than the diameter for the hydrophobic ones. Both kinds of particles had to form monolayers below the collapse point, as the occupied surface was well below the theoretical area for hexagonal arrangement (denoted by H in figure 7), thus the average thickness of 76 nm in Table 1 lacked any physical meaning. On the other hand, such high thickness values could have resulted from the inhomogeneity, as it is shown in figure 6. So we had to use the model that took inhomogeneity inside the layers into account.

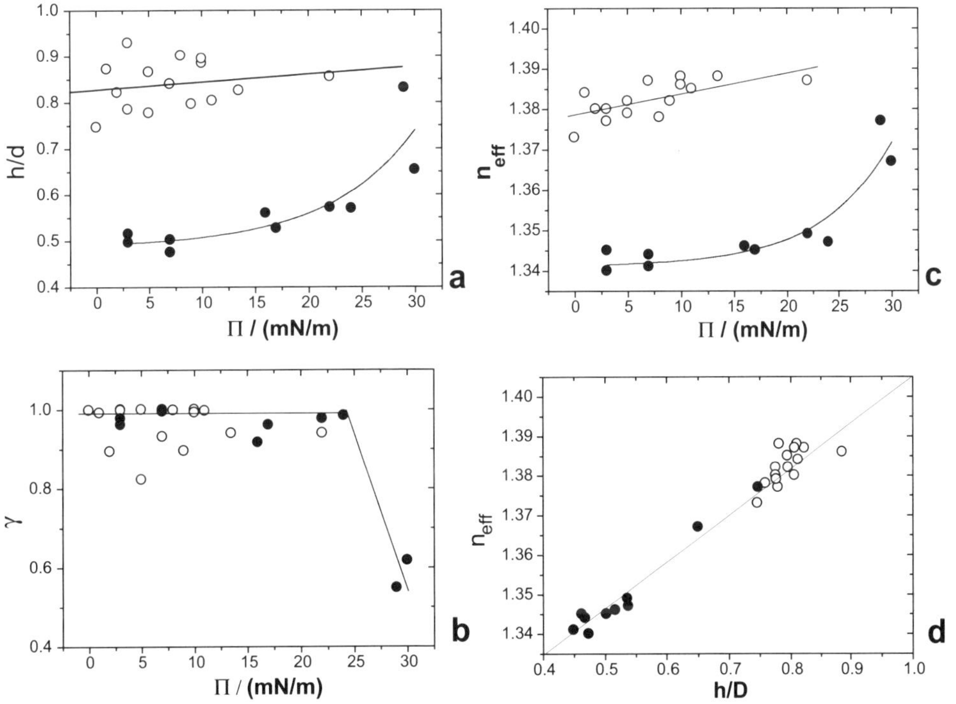

Figure 9. Correlation among the layer parameters (h: immersion depth, d: particle diameter, D distance between the centres of nearest neighbours, γ: surface coverage), n_{eff}, and the surface pressure Γ: immersion of particles versus surface pressure (a), surface coverage versus surface pressure (b), the change of the effective refractive index with compression (c) and correlation between the effective refractive index and the rate of silica in the layer that is submerged in water (d). : hydrophobic particles, : hydrophilic particles.

4.2. Results with the gradient layer model

With this model, the structure parameters: h (immersion depth), D (distance between nearest neighbors), γ (surface coverage), and d (particle diameter) were obtained by the fitting procedure. It is expected that the model should yield steady layer thickness values, which correspond to the particle diameter and do not change with compression. Every reflectance curve was evaluated using both the Lorentz-Lorenz and the Bruggeman formulae (6,7) to determine the effective refractive index function $n(z)$, but the latter one resulted in thickness values which changed systematically with surface pressure. The data we obtained from the measurements along the OC segment of the isotherms have been averaged and both the mean values and standard deviations are shown in table 1, together with the TEM diameter of the particles and the collapse pressures.

Table 1. Averaged fitting results obtained for the structure parameters along the OC segment of the isotherms. D: distance between nearest neighbours, d: particle diameter, γ: surface coverage, h: immersion depth; all from the gradient layer model. n_{eff}: effective refractive index, d_{hom}: diameter; both from the uniform layer method. d_{TEM}: diameter obtained from the TEM images.

Parameters	Hydrophilic				Hydrophobic			
	Lorentz-Lorenz		Bruggeman		Lorentz-Lorenz		Bruggeman	
	mean	sd	mean	sd	mean	sd	mean	sd
h/d	0.84	0.06	0.86	0.06	0.53	0.04	0.54	0.08
d/D	0.95	0.06	0.92	0.06	0.94	0.01	0.91	0.03
γ	0.96	0.06	0.96	0.06	0.97	0.02	0.90	0.04
d (nm)	42	2	43	2	44	2	47	3
n_{eff}	1.381 ± 0.004				1.345 ± 0.003			
d_{hom} (nm)	41 ± 2				76 ± 27			
d_{TEM} (nm)	43 ± 5				44 ± 5			
Collapse pressure (mN/m)	13 ± 2				20 ± 1			

The parameters h, D, γ and also n_{eff} exhibited some slight variation with the surface pressure, especially those of hydrophobic layers and above collapse. The dependence of the parameters on the surface pressure is shown in figures 9a-c, and 9d presents the correlation between the parameters obtained both from the uniform layer model and the gradient one. Note that **the contact angles from the *h/d* data in table 1 can be determined for nanospheres** [18].

4.3. Conclusions for air-water interface

The results shown in table 1 and figure 9a-d prove the applicability of our model – a gradient refractive index layer, where the local refractive index is determined from the volume fraction of the constituents by the Lorentz-Lorenz formula, as the fitted layer thickness corresponded to the particle diameter (table 1), and the other results were also consistent with the expectations both about the behaviour of the particles and the structure of the interfacial layer.

The hydrophilic particles appeared floating deeper in the water phase than the hydrophobic ones, as it was expected, and the immersion (*h/d*) of the hydrophobic particles increased slightly with compression before reaching the collapse pressure, and abruptly above it (fig. 9a). The surface coverage γ did not change significantly with growing surface pressure throughout the isotherms, except around the breaking point B (fig. 9b) in the hydrophobic case, where it fall abruptly.

The effective refractive index obtained from the uniform layer method proved to be a useful parameter to characterize the interfacial layer between water and air. It was found higher for the hydrophilic particles than for the hydrophobic ones, and it increased with the applied surface pressure (fig. 9c). The variation of the effective refractive index was found to correlate with the immersion depth of the particles and their packing density (*h/D*), as it is expected of a valid optical model (fig. 9d).

The figure 9c reflects that the layers of hydrophobic particles exhibited similar refractive index values that had been characteristic to the hydrophilic ones when the hydrophobic layer was compressed near to point B on the isotherm (fig. 7). That could mean that when the layer structure broke up (see also fig. 9b), the fragments of the broken layer might have sunk deeper in the water phase (fig. 9a), but these experimental results need further confirmations (buckling type collapse mechanism).

5. Evaluation and results for silicon-air interface (preliminary results)

In figure 10 the reflected intensities vs. the angle of incidence curves for silica monoparticulate films are depicted at different particle sizes on silicon substrate.

The effective refractive index was estimated from the intersection of the curves of bare substrate and of the layer, and that value has been used at the start of the fitting procedure. As can be seen the results are in a satisfactory agreement with each other (table 2). The theoretical n_{eff} was calculated by the *effective medium approach* [11] from the volume fraction and refractive indexes of the components assuming an ideally close-packed arrangement of monodisperse spheres. From the experimental refractive index data, the porosity has been estimated for each layer, using the Lorentz-Lorenz relationship (equation 6) and shown in table 2. The experimental porosities were slightly higher than that for the ideal case of monodisperse, close-packed spheres (shown also in table 2). This reveals slightly more compact structures of the layers than the ideal one.

We also calculated the thickness of the films on the basis of the uniform layer model and compared those values to the particle diameters that were determined by transmission electronmicroscopy or dynamic light scattering methods. The results are in a good agreement (table 2). The dynamic light scattering provides hydrodynamic values for the particle sizes, hence the observed difference between the particle size (148 nm) and film thickness (134 nm) values are reasonable.

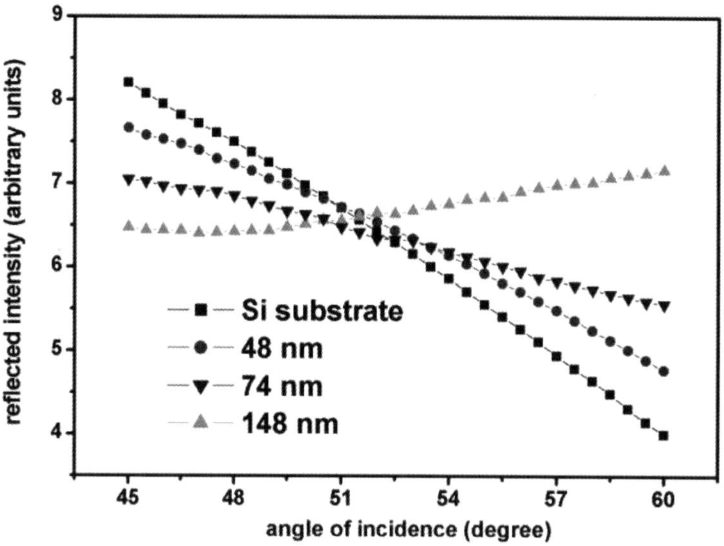

Figure 10. Reflected intensities as a function of incidence for silica monoparticulate films obtained at different particle sizes on silicon substrates. The intensity curve of the bare substrate is also appeared.

Table 2. Preliminary results obtained for silica monoparticulate films on silicon substrate. n_{eff}: effective refractive index; d_{hom}: diameter from the uniform layer method; d_{TEM}: diameter obtained from the TEM images.

d_{TEM}	d_{hom}	n_{eff} (intersection)	n_{eff} (fitting)	n_{eff} (theoretical)	*Porosity (theoretical)*	*Porosity (experimental)*
48	50	1.262	1.272	1.258	0.395	0.364
74	74	1.297	1.288			0.330
148*	134	1.264	1.266			0.377

* Particle size from dynamic light scattering.

It is interesting to note that the uniform layer model provides reasonable results for particulate films at silicon-air interface in which the change of the refractive index within the film is rather significant. The uniform layer model did not provide reasonable results for hydrophobic particles at water-air interface which means that other structural modifications (e.g. buckling) should be taken into consideration during the compression.

Acknowledgements

This work was supported by the Hungarian National Scientific Foundation for Research (OTKA T037643 and T049156). The help of *András Deák* is also acknowledged.

Références bibliographiques

[1] http://oceanoptics.com/products/nanocalc.asp.

[2] http://www.aquila-instruments.com.

[3] SCHAAF P., DÉJARDIN P., SCHMITT A., *Langmuir*, 3, 1987, 1131.

[4] MANN E. K., VAN DER ZEEUW E. A., KOPER G. J. M., SCHAAF P., BEDEAUX D., *J. Phys. Chem.*, 99, 1995, 790.

[5] PICART C., LADAM G., SENGER B., VOEGEL J. C., SCHAAF P., CUISINIERA F. J. G., GERGELY C., *J. Chem. Phys.*, 115 (2), 2001, 1086-1094.

[6] MEUNIER J., HENON S., *Progr. Colloid Polymer Sci.*, 84, 1991, 194.

[7] VAN DER ZEEUW E. A., SAGIS L. M., KOPER G. J. M., MANN E. K., HAARMANS M. T., BEDEAUX D., *J. Chem. Phys.*, 105, 1996, 1646.

[8] MANN E. K., HEINRICH L., VOEGEL J. C., SCHAAF P., *J. Chem. Phys.*, 105, 1996, 6082.

[9] VAN BLAADAREN A., VRIJ A., *Langmuir*, 8, 1992, 2921.

[10] HILD E., SESZTÁK T., VÖLGYES D., HÓRVÖLGYI Z., *Progr. Colloid Polym. Sci.*, 125, 2004, 61.

[11] BOYD R. V., GEHR R. J., FISCHER G. L., SIPE J. E., *Pure Appl. Opt.*, 5, 1996, 505.

[12] JACOBSSON R., *Light Reflection from Films of Continuously Varying Refractive Index. In* WOLF E. (ed.), *Progress in Optics*, vol. 5: 247-286. North Holland, Amsterdam, 1965.

[13] HILD E., EVANS M. W., *J. Appl. Phys.*, 59, 1986, 1822.

[14] STÖBER A., FINK E., BOHM J., *J. Colloid Interface Sci.*, 26, 1968, 63.

[15] TOLNAI G., CSEMPESZ F., KABAI-FAIX M., KÁLMÁN E., KERESZTES ZS., KOVÁCS A. L., RAMSDEN J. J., HÓRVÖLGYI Z., *Langmuir*, 17, 2001, 2683.

[16] SESZTÁK T., *Fabrication and Investigation of Nanostructural Layers*, (*in* Hungarian) Thesis, Budapest University of Technology and Economics, Budapest, 2001.

[17] DEÁK A., SZÉKELY I., KÁLMÁN E., KERESZTES ZS., KOVÁCS A. L., HÓRVÖLGYI Z., *Thin Solid Films*, 484 (1-2), 2005, 310.

[18] AGOD A., DEÁK A., HILD E., KÁLMÁN E., KOVÁCS A. L., TOLNAI GY., HÓRVÖLGYI Z., *J. Adhesion*, 80 (10-11), 2004, 1055.

Other important references concerning the Scanning Angle Reflectometry

[19] SAKAMOTO N., SAKAI K., TAKAGI K., *Jpn. J. Appl. Phys.*, 41 (1/10), 2002, 6240.

[20] LADAM G., SCHAAD P., VOEGEL J. C., SCHAAF P., DECHER G., CUISINIER F., *Langmuir*, 16, 2000, 1249.

[21] TILTON R. D., *Scanning Angle Reflectometry and Its Application to Polymer Adsorption and Coadsorption with Surfactants. In* FARINATO R. S., DUBIN P. L. (Eds.), Colloid-Polymer Interactions: From Fundamentals to Practice; NY, John Wiley & Sons, 1999, p. 331-363.

[22] CHARRON J. R., TILTON R. D., *Langmuir*, 13 (21), 1997, 5524.

[23] CHARRON J. R., TILTON R. D., *J. Phys. Chem.*, 100, 1996, 3179.

[24] KOPER G. J. M., SAGIS L. M. C., VANDERZEEUW E. A., *Macromolecules*, 29, 1996, 801.

[25] DEETER M. N., SARID D., *Applied Optics*, 28 (14), 1989, 2911.

Chapitre 7

Diffraction des rayons X sur films minces

Pierre-Antoine ALBOUY

Ces quelques pages ne prétendent pas être un cours exhaustif sur la diffraction sur films minces, mais plutôt un passage en revue de notions qu'il me semble important de maîtriser. J'y insiste tout particulièrement sur les aspects techniques de la diffraction : il faut en effet bien voir que des termes tels que réflectométrie, diffusion (ou diffraction) aux petits ou grands angles ne sont pas associés à des formalismes fondamentalement différents, mais plutôt à des techniques spécifiques. Le chercheur qui étudie des films minces est essentiellement confronté à la double difficulté du peu de matière diffractante et de la présence d'un substrat généralement opaque aux rayons X. C'est à ces deux contraintes qu'il lui est nécessaire de répondre.

1. Quelques rappels sur les rayons X

Les rayons X sont des ondes électromagnétiques de très courtes longueurs d'onde : typiquement, pour les rayonnements utilisés au laboratoire en diffraction, les longueurs d'onde utilisées sont situées entre 0,05 nm et 0,25 nm. On peut remarquer que la radiographie utilise des rayonnements plus durs, typiquement 0,005 nm – 0,1 nm.

1.1. Absorption et réfraction

Les phénomènes de réfraction et d'absorption jouent un rôle fondamental dans l'étude des films minces par diffraction X. Une étude plus détaillée en est donnée dans le cours sur la réflectivité X et je ne donnerai ici que quelques résultats.

Comme toute onde électromagnétique, les rayons X ne se propagent pas de la même façon dans un milieu et dans le vide. L'indice de réfraction s'exprime en fonction de la densité électronique du milieu ρ_{el}, du rayon classique de l'électron $r_e = \dfrac{e^2}{4\pi\varepsilon_0 mc^2}$ et du coefficient d'absorption du milieu μ : $n = 1 - \frac{\lambda^2}{2\pi}\rho_{el} \cdot r_e + i\frac{\mu\lambda}{4\pi} = 1 - \delta - i\beta$. Le coefficient δ est de l'ordre de $10^{-5} - 10^{-6}$ suivant le matériau considéré, β étant typiquement cent fois plus petit. Les phénomènes de réfraction ne sont donc vraiment importants qu'à petits angles. Considérons donc un échantillon plan sur lequel est envoyé un faisceau X sous une incidence θ petite (fig. 1) :

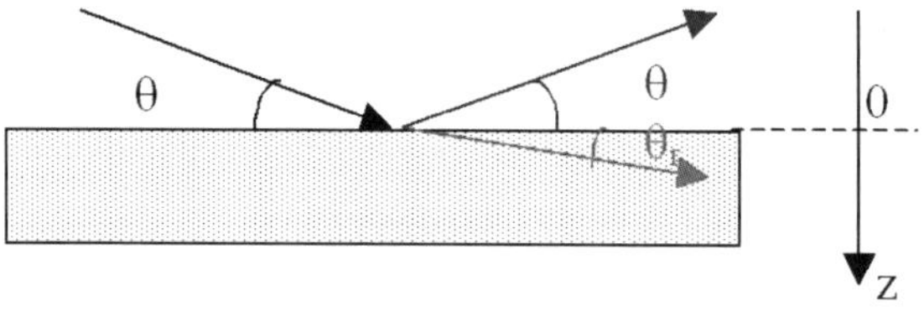

Figure 1. Réflexion et réfraction sur un dioptre plan.

Si l'on néglige les phénomènes d'absorption, la loi de Descartes s'écrit : $\cos\vartheta = (1-\delta)\cdot\cos\vartheta_r$; aux petites incidences, on peut effectuer un développement limité : $\vartheta_r \approx \sqrt{\vartheta^2 - \vartheta_C^2}$, avec $\vartheta_C = \sqrt{2\delta}$. Pour $\vartheta \leq \vartheta_C$ (angle critique du matériau), on observe le phénomène de **réflexion totale** de l'onde incidente : l'onde transmise est une **onde évanescente**, se propageant parallèlement à la surface ; l'intensité transmise associée s'écrit alors : $_T(z,\vartheta) = I_0 \cdot \left(\frac{2\vartheta}{\vartheta_C}\right)^2 \cdot \exp\left(-\frac{4\pi}{\lambda}\cdot\sqrt{\vartheta_C^2 - \vartheta^2}\cdot z\right)$, où I_0 est l'intensité du faisceau incident.

On peut remarquer **deux points importants** :

1. L'intensité transmise en $z = 0$ passe de 0 pour une incidence quasi nulle à $4I_0$ à l'incidence critique. Ceci provient de la variation du déphasage entre les champs électriques incident et réfléchi, qui se retrouvent en phase à l'incidence critique.
2. On peut définir une profondeur de pénétration $z_{1/e}$ de l'onde transmise pour laquelle son intensité est diminuée d'un facteur $1/e$: $z_{1/e} = \frac{\lambda}{4\pi\cdot\sqrt{\vartheta_C^2 - \vartheta^2}}$. Pour une incidence quasi nulle, $z_{1/e} = \frac{\lambda}{4\pi\vartheta_C}$, soit 3,2 nm pour du silicium et 1,2 nm pour de l'or et

   une longueur d'onde $\lambda = 0{,}1542$ nm. $z_{1/e}$ croît rapidement à l'approche de l'angle critique sans diverger si l'on tient compte des phénomènes d'absorption (La formule exacte est en fait : $z_{1/e} = \lambda\cdot\sqrt{2} \Big/ 4\pi\sqrt{\sqrt{\left(\vartheta^2 - \vartheta_C^2\right)^2 + 4\beta^2} - \left(\vartheta^2 - \vartheta_C^2\right)}$). Pour $\vartheta\vartheta_C$, on obtient $z_{1/e} \approx \frac{\lambda}{4\pi\beta\vartheta} = \frac{1}{\mu\vartheta}$, où μ est le coefficient d'absorption introduit plus haut. C'est le résultat attendu par application de la **loi classique de l'absorption** : $I_T = I_0 \cdot \exp(-\mu\cdot d)$ où I_T est l'intensité transmise après un parcours de longueur d ; pour une incidence θ, $d = z/\sin\vartheta$, et donc $d \approx z/\vartheta$ aux petits angles. La variation de $z_{1/e}$ en fonction de θ est représentée figure 2 pour un film de nickel et une longueur d'onde de 0,1542 nm.

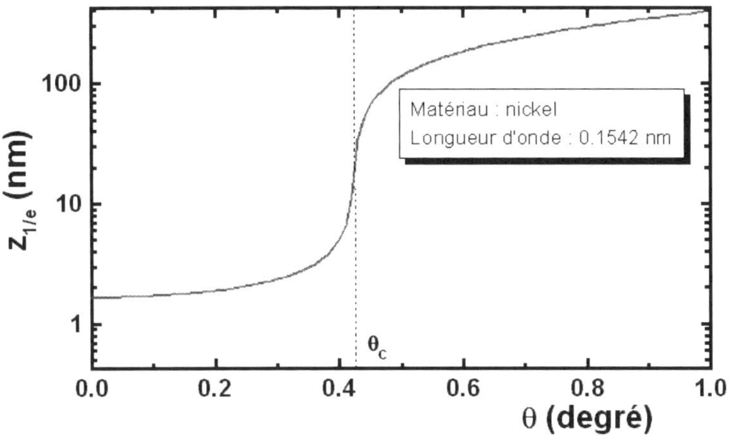

Figure 2. Variation angulaire de la profondeur de pénétration dans un dioptre plan en nickel (λ = 0,1542 nm).

Toutes ces remarques seront particulièrement utiles pour comprendre la diffraction en incidence rasante.

1.2. Diffusion des rayons X

Je ne donne ici que quelques résultats essentiels, complétés d'un simple exemple : on trouvera dans la bibliographie les adresses d'excellents cours en ligne [1].

Le champ électrique associé au faisceau incident provoque la vibration des électrons rencontrés et donc la réémission d'ondelettes secondaires de même fréquence (diffusion Thomson). C'est ce phénomène qui est à l'origine de la diffraction des rayons X : en effet, cette diffusion est **cohérente**, c'est-à-dire que les ondelettes générées en différents points présentent des déphasages liés à la distance entre ces points (voir à la fin de ce cours quelques remarques sur cette notion de cohérence !). On montre aisément que le déphasage entre les ondes diffusées par les deux points M_1 et M_2 est donné par $\Delta\varphi = \vec{q} \cdot \overrightarrow{M_1M_2}$

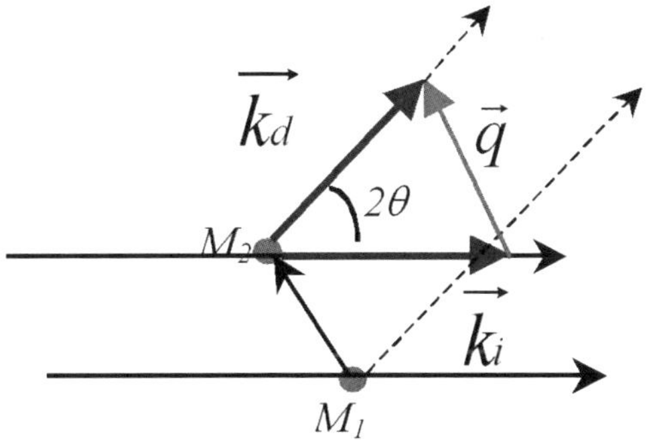

Figure 3. Calcul du déphasage entre deux points.

où $\vec{q} = \overrightarrow{k_d} - \overrightarrow{k_i}$ est le vecteur de diffusion ($q = \dfrac{4\pi \sin \vartheta}{\lambda}$ et $k_i = k_d = \dfrac{2\pi}{\lambda}$).

Sachant que l'amplitude diffusée par chaque élément de volume est proportionnelle au nombre d'électrons qu'il contient, on obtient immédiatement l'expression de l'amplitude diffusée par le volume total : $A(\vec{q}) \propto \int_{Vol} \rho_{el}(\vec{r}) \cdot \exp(i\vec{q} \cdot \vec{r}) \cdot d^3r$ (F-1) : elle est donc proportionnelle à la transformée de Fourier de la densité électronique. Les détecteurs sont en fait sensibles non au champ électrique diffusé mais à l'énergie qui y est associée, à savoir $I(\vec{q}) \propto |A(\vec{q})|^2$. Faute de place, je ne donnerai qu'un exemple d'application de ces résultats.

1.3. Diffraction par un cristallite d'épaisseur finie : formule de Scherrer

Je donne ici une petite « démonstration » basée sur la notion de plans réticulaires, bien qu'il soit à mon avis bien plus logique et clair (mais nettement plus long) de passer par la notion d'espace réciproque, qui s'introduit très naturellement à partir de F-1.

Considérons un cristal ayant une forme de plaquette, c'est-à-dire une extension latérale infinie et d'épaisseur L. On sait que de telles faces naturelles correspondent à des familles de plans moléculaires parallèles, la distance entre deux plans étant d (voir fig. 4 ; ces plans sont évidemment associés aux plans réticulaires, qui sont des objets mathématiques [1]).

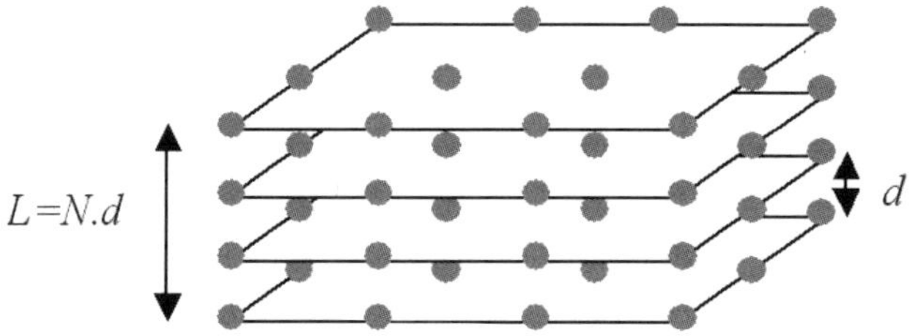

Figure 4. Cristallite en forme de plaquette, d'épaisseur L.

Nous admettrons que le faisceau incident se réfléchit sur les différents plans, ainsi qu'indiqué sur la figure 5.

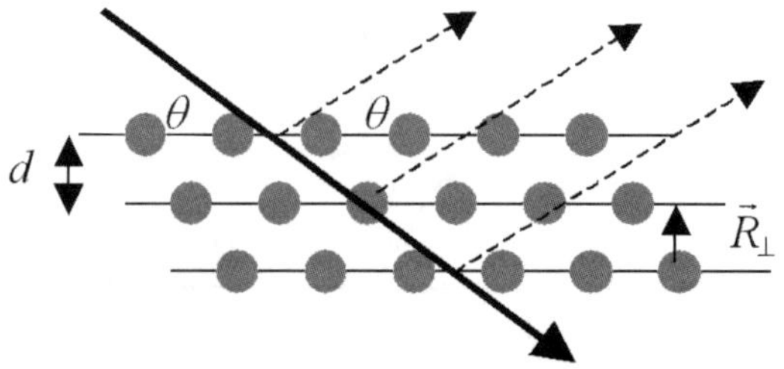

Figure 5. Réflexion du faisceau incident sur les plans moléculaires.

Le **déphasage** entre les faisceaux diffusés par deux plans adjacents se calcule à partir des résultats précédents : $\Delta\varphi = \vec{q} \cdot \vec{R}_\perp = \frac{4\pi d \sin\vartheta}{\lambda} = qd$; l'amplitude diffusée est donc : $A(\vec{q}) \propto \sum_{n=0}^{N} \exp(inqd) \propto \frac{\sin(Nqd/2)}{\sin(qd/2)}$, et l'intensité correspondante est proportionnelle à la fonction de Laue : $I(\vec{q}) \propto \left(\frac{\sin(Nqd/2}{\sin(qd/2}\right)^2$, représentée figure 6.

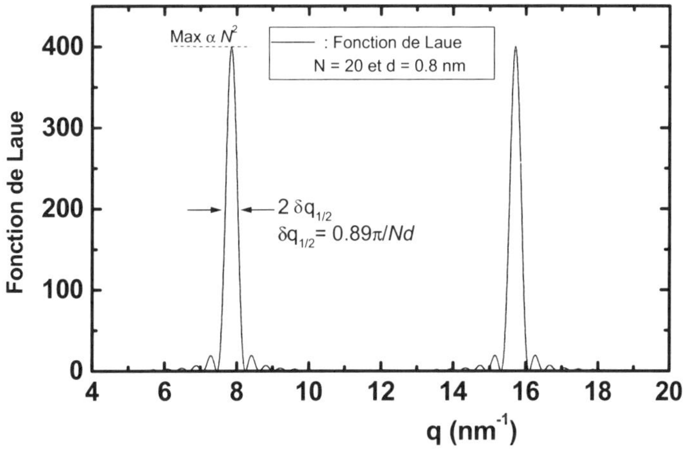

Figure 6. Fonction de Laue.

La fonction de Laue présente des maxima absolus pour $q = 2\pi n/d$, $n \in Z$; sachant que $q = 4\pi \sin\vartheta/\lambda$, on retrouve la **formule de Bragg** exprimant la position angulaire des maxima d'intensité diffractée : $2d \sin\vartheta = n\lambda$ (n est l'ordre de la réflexion). On montre également que cette fonction a pour largeur à mi-hauteur $\delta q_{1/2} \approx \frac{0.89\pi}{Nd} = \frac{0.89\pi}{L}$, ce qui correspond à une largeur angulaire totale (en 2θ) $\beta \approx \frac{0.89\lambda}{L\cos\vartheta}$. Ce sont deux expressions différentes (affaire de culture !) de la **formule de Scherrer** qui relie dimension du cristallite perpendiculairement aux plans considérés et largeur des raies de diffraction associées. Il existe une **littérature considérable** sur l'analyse des profils de raies de diffraction et la façon d'en déduire la distribution en taille d'une poudre cristalline [2]. D'une manière très sommaire, on peut remarquer qu'un profil gaussien, qui est assez voisin de la partie centrale d'une fonction de Laue, correspond à une distribution présentant une faible polydispersité.

2. Techniques de diffraction X

2.1. Production des rayons X

Au laboratoire, les rayons X sont obtenus par bombardement d'une cible (anti-cathode) par un faisceau d'électrons de haute énergie, typiquement 40-50 keV. Le spectre en longueur d'onde ainsi obtenu est représenté figure 7 ; il contient [3] :

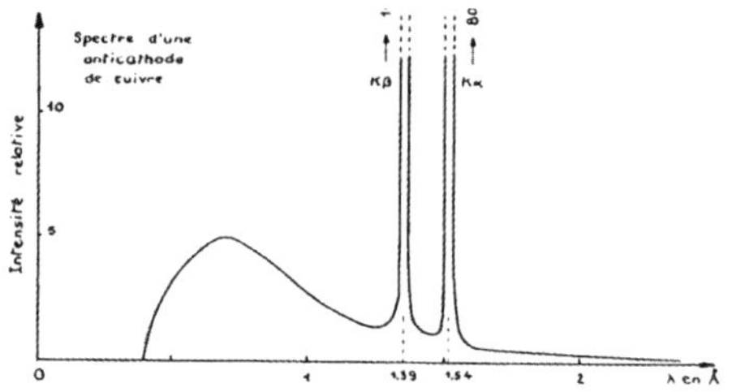

Figure 7. Spectre d'émission d'un tube à rayons X (anti-cathode en cuivre).

1. **Des raies caractéristiques** provenant de l'ionisation des niveaux profonds des atomes suivie d'un processus de désexcitation (voir fig. 8). Les raies K proviennent ainsi du retour d'électrons des niveaux supérieurs vers le niveau K : les raies K_α, qui sont les plus intenses proviennent de la désexcitation d'un niveau L vers un niveau K : $E = E_K - E_L$, les raies K_β, d'un niveau M vers un niveau K : $E = E_K - E_M$. Les raies K_β sont typiquement dix fois moins intenses que les K_α. Les raies L ne sont utilisées que dans certains tubes spéciaux.

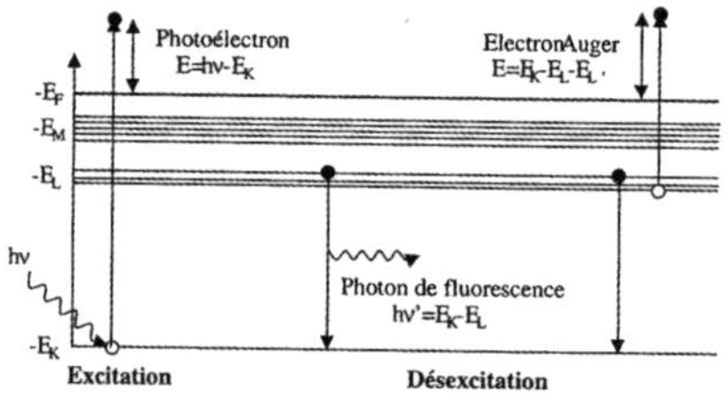

Figure 8. Processus d'émission des raies caractéristiques.

2. **Un fond continu** dû au rayonnement de freinage (Bremsstralhung) des électrons dans la matière. Il s'étend en énergie jusqu'à la tension d'accélération V_{max} (en eV) et présente un maximum au 2/3 de V_{max}, environ (fig. 9).

Les anti-cathodes les plus courantes sont en cuivre ($\lambda = 0{,}1542$ nm) ou en molybdène ($\lambda = 0{,}071$ nm). On utilise également le tungstène pour son fond continu (voir fig. 11), et pour certaines applications le chrome ($\lambda = 0{,}229$ nm), le cobalt ($\lambda = 0{,}179$ nm), le fer ($\lambda = 0{,}194$ nm) ou l'argent ($\lambda = 0{,}056$ nm).

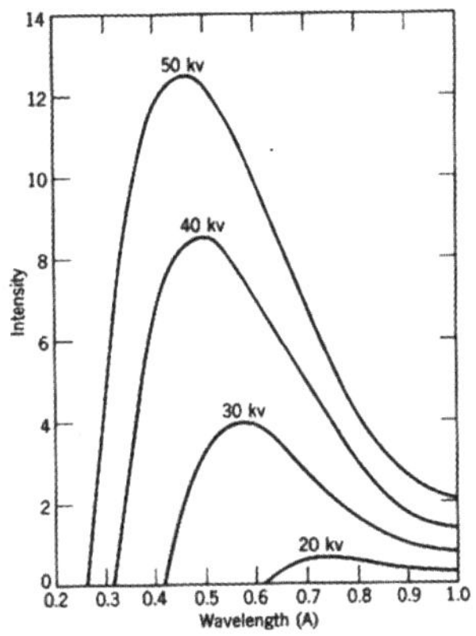

Figure 9. Fond continu donné par un tube au tungstène pour différentes tensions excitatrices.

La limitation essentielle de ce mode de production provient de l'échauffement de la cible par le faisceau électronique incident ; en effet, seule une faible fraction de l'énergie apportée est transformée en photons X (moins de 1%), la part la plus importante étant dissipée en chaleur. Un refroidissement énergique est donc nécessaire. Un paramètre fondamental est constitué par la surface d'impact du faisceau (ce que l'on appelle le **foyer**) : plus cette surface est grande plus l'énergie que l'on peut y déposer sans dommage sera a priori grande ; par contre, l'évacuation de la chaleur au point d'impact se fera **moins efficacement** que pour une petite surface. Qu'est-ce que cela signifie en pratique ? Considérons un **générateur à anode tournante** : dans ce type d'appareil, l'anti-cathode est en rotation permanente, ce qui permet de ne pas laisser le faisceau incident concentré en un même point de la cible. Les données du constructeur sont les suivantes, pour une anti-cathode en cuivre :

Surface du foyer mm^2	0,510	0,33	0,22	0,11
Puissance maximale kW	12	5,4	3	1,2

Partant du plus grand foyer et allant au plus petit, la puissance admissible diminue d'un facteur 10, mais la brillance de la source est augmentée d'un facteur 5 (puissance/surface).

Nous voyons sur ce tableau que le foyer se présente sous forme d'un rectangle, ce qui reflète la forme du filament servant à produire le faisceau électronique. Les montages sont généralement positionnés de façon à ce que ce rectangle soit vu sous un **angle de 6°** dans le plan horizontal (« angle de take-off »), ce qui correspond à une taille apparente diminuée horizontalement d'un facteur 10 ($1/\tan(6^o)$). Si le grand côté du plus grand foyer est placé verticalement, la surface apparente est de 0,0510 mm^2 : on est en **foyer linéaire** ; dans le cas contraire, les dimensions apparentes sont de 0,51 mm^2 : on est en **foyer ponctuel**. Nous verrons que le choix du foyer dépend entièrement du montage que l'on souhaite utiliser.

Considérons maintenant le cas des **générateurs à tubes scellés** (qui sont typiquement huit fois moins chers qu'un générateur à anode tournante !). Dans ce cas, le point d'impact est fixe, ce qui limite la puissance maximale admissible. En standard, les constructeurs proposent 4 tailles de foyers (angle de take-off : 6°) : 212 mm^2 (broad focus), 110 mm^2 (normal focus), 0,48 mm^2 (fine focus) et 0,412 mm^2 (long fine focus). Les puissances correspondantes sont de 2,7 kW, 2 kW, 1,5 kW et 2,2 kW. On peut ainsi obtenir un foyer linéaire de 0,0412 mm^2 avec une puissance tout à fait correct. Par contre, on ne peut pas descendre en-dessous d'une taille de 0,80,4 mm^2 en foyer ponctuel (on peut en fait diminuer l'angle de take-off, mais ceci s'accompagne d'une perte d'intensité ; la firme BEDE commercialise également une source micro-foyer qui n'est pas une anode tournante, mais qui en a le prix).

2.2. Monochromatisation des faisceaux

D'une manière générale, on utilise essentiellement les raies K_α, qu'il convient d'isoler ; on peut également utiliser le fond continu d'un tube au tungstène pour certaines applications. Les techniques de monochromatisation sont les suivantes :

Filtration : on interpose dans le faisceau une feuille d'un élément dont le seuil d'excitation K est à une énergie supérieure à l'énergie des photons incidents K_α et inférieure à celle des K_β ; ceux-ci se trouvent ainsi fortement absorbés. Ce filtre supprime également une partie du fond continu. Exemple : feuille en nickel pour le cuivre, en zirconium pour le molybdène. Les générateurs à tube scellé incluent de tels filtres.

Les monochromateurs à cristaux : on utilise dans ce cas la réflexion de Bragg sur des plans réticulaires judicieusement choisis. Dans le cas de **cristaux parfaits** (silicium, germanium, quartz), les plans réticulaires sont parfaitement alignés dans tout le cristal : les conditions de réflexion sont alors extrêmement strictes, si bien que le faisceau n'est réfléchi que dans une très petite zone angulaire. Plus les indices *(h,k,l)* [1] choisis sont élevés, plus le domaine de réflexion est étroit. Ce type de monochromateurs est très utilisé en rayonnement synchrotron. Le diffractomètre X'pert (Philips) utilise un ensemble de quatre monochromateurs en gremanium : le faisceau obtenu est parfaitement défini mais d'intensité très faible (typiquement 10^5 ph/s). On peut augmenter l'acceptance de tels cristaux en leur donnant un angle de taille (voir fig. 10).

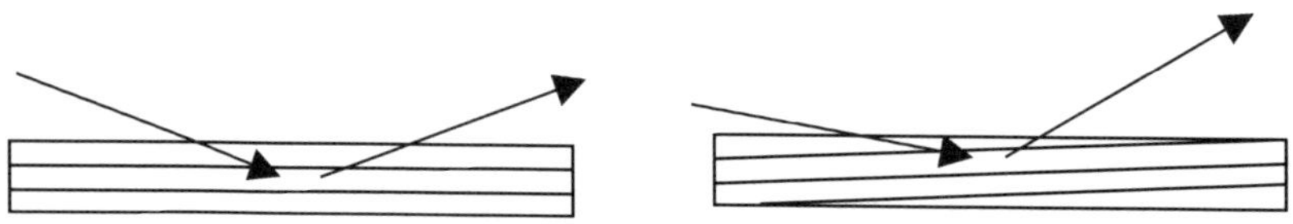

Figure 10. Cristal réflecteur sans et avec angle de taille.

Pour des sources de laboratoire, il est préférable d'utiliser des **cristaux imparfaits**, c'est-à-dire constitués de petits blocs monocristallins légèrement désorientés les uns par rapport aux autres (notion de mosaïcité). Un exemple classique est donné par le fluorure de lithium. Les monochromateurs en graphite sont constitués d'une poudre de cristaux de graphite orientés par pressage à chaud : dans ce cas la mosaïque est typiquement de 0,2° ; le faisceau réfléchi n'est pas très bien défini angulairement, mais très intense.

Problème des harmoniques : Considérons un monochromateur conçu pour travailler à une longueur d'onde λ_0 avec la réflexion d'ordre $n = 1$ associée à une certaine famille de plans réticulaires ; cela s'exprime par la relation $2d \sin \theta_0 = \lambda_0$. Si la réflexion d'ordre n est autorisée (voir [1] les conditions d'extinction), la longueur d'onde λ_0/n (présente par exemple dans le fond continu) sera réfléchie au même angle : $2d \sin \theta_0 = n \cdot (\lambda_0 n)$. Cette contamination peut poser problème.

Les monochromateurs à multicouches : ce type de monochromateur commence à s'imposer du fait des progrès faits dans leur élaboration. Ils sont constitués d'un empilement de couches d'éléments denses (par ex. du tungstène) et d'éléments légers (carbone, silicium). La période est de l'ordre de 4-5 nm. Dans ces conditions, la réflectivité à l'angle de Bragg atteint aisément 70% avec une acceptance de l'ordre de quelques centièmes de degré. En choisissant une épaisseur égale pour les deux types de matériaux, on élimine tous les harmoniques pairs (la transformée de Fourier d'un signal périodique carré n'a pas d'harmoniques pairs).

Les miroirs : on peut également utiliser des miroirs comme éléments monochromatiseurs ; pour une longueur d'onde donnée λ, nous avons vu que l'angle critique en dessous duquel il y a réflexion totale vaut $\vartheta_C = \lambda \cdot \sqrt{\frac{\rho_{el} r_e}{\pi}}$. Plus les longueurs d'onde sont courtes, plus le domaine angulaire de réflexion totale est étroit : le miroir filtre donc les petites longueurs d'onde (hautes énergies). À ce filtrage peut se rajouter un second effet : plus le matériau est absorbant (β ou μ élevés), plus le coefficient de réflexion dans la zone de réflexion totale s'éloigne des 100% théoriques. Si l'on travaille avec une source au cuivre, il peut être ainsi intéressant d'utiliser un miroir nickelé : le coefficient d'absorption pour la raie K_α sera faible (réflectivité proche de 100%), et très important pour la raie K_β (plus faible réflectivité). Comparons maintenant les angles critiques de quelques matériaux, toujours pour la raie K_α du cuivre ($\lambda = 0{,}1542$ nm) :

matériau	verre standard	silicium	nickel	or
angle critique (°)	0,215 (typique)	0,221	0,423	0,571

L'or peut sembler plus intéressant que le nickel. En fait, l'absorption de ce matériau est telle qu'elle diminue considérablement le gain dû à l'élargissement du domaine de réflexion. Comme support de déposition du film métallique, je conseillerais le verre flotté en 4 ou 5 mm d'épaisseur ; c'est un matériau qui possède une excellente planéité et une rugosité de surface très faible (face flottée). Les galettes de silicium, sauf spécifications particulières, sont loin de posséder ces qualités. Le verre à vitre standard est toujours un verre flotté ! La face flottée peut être repérée en plaçant l'échantillon sous une lampe UV servant à la lecture des plaques de chromatographie (0,254 nm) : celle-ci apparaît laiteuse, la face non-flottée étant transparente.

2.3. Les optiques pour rayons X

Cas des foyers linéaires : ce type de foyer est essentiellement utilisé dans les diffractomètres « 1D » (type Bragg-Brentano par exemple) dans lesquels l'espace est exploré selon une direction (voir plus bas). Le faisceau se présente alors sous forme d'une « nappe ». L'intérêt de cette configuration est de gagner en intensité. Dans tout ce qui suit, nous imaginerons que l'axe du foyer est perpendiculaire au plan de la figure ; nous nous préoccuperons tout d'abord du problème de la divergence horizontale des faisceaux émis ; la divergence verticale sera traitée ensuite (voir fig. 11) :

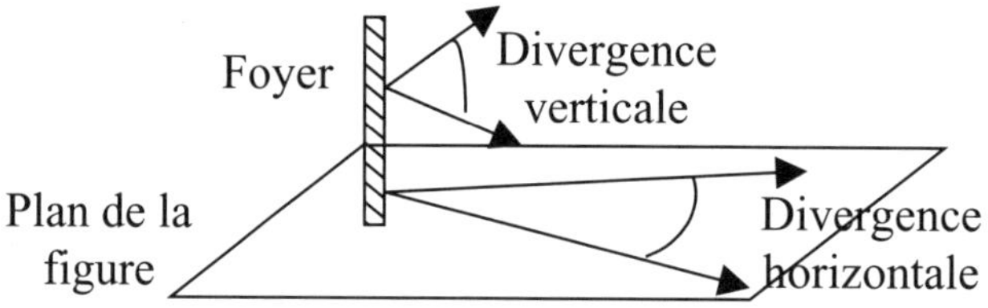

Figure 11. Géométrie utilisée dans le cas d'un foyer linéaire.

1. **Faisceaux divergents** : l'échantillon est irradié par un faisceau de divergence contrôlée : le plus simple est de fixer cette divergence par une simple fente placée à une dizaine de cm de la source (fig. 12a). La monochromatisation peut alors être assurée par filtrage. Il est également possible d'utiliser un *cristal monochromateur* cintré, type Johann (fig. 12b) : le rayon de cintrage étant 2R, les distances foyer-cristal et cristal-source secondaire (= point de focalisation) sont identiques et valent $2R\sin\vartheta$; il est possible de dissymétriser cette configuration en utilisant un cristal possédant un angle de taille (voir plus haut) [4].

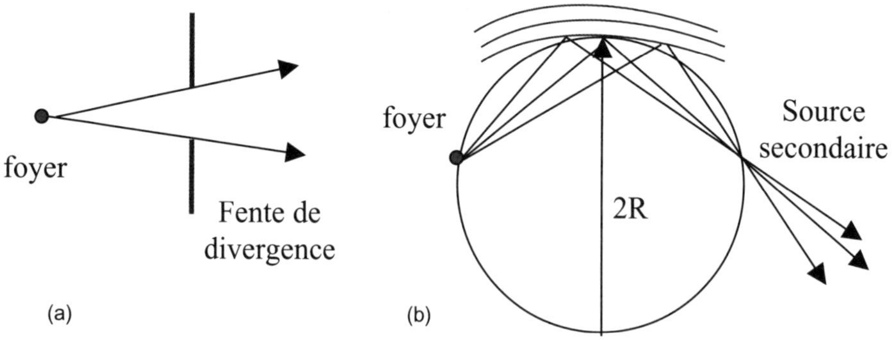

Figure 12. a et b.

Ce montage est en fait astigmatique ; seule une taille Johann-Johanson [3] assure un stigmatisme parfait. La perfection ayant un prix, un tel monochromateur (typiquement en quartz) est très peu lumineux et a priori peu indiqué dans le cas présent. Il existe maintenant des miroirs multicouches elliptiques à gradient de période (voir fig. 13). De tels systèmes sont très lumineux ; ils sont également conçu de façon à rejeter les harmoniques de diffraction pairs (voir plus haut).

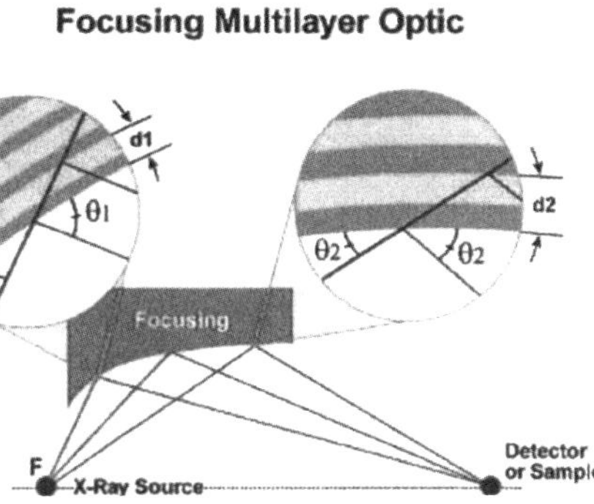

Figure 13. Optique elliptique ; la condition de Bragg est maintenue sur toute l'étendue de la multicouche en introduisant un gradient dans la période d'empilement.

En fait, il est sans doute plus simple de définir le faisceau par une ou deux fentes (fig. 14a), et de mettre le monochromateur en position arrière, devant le détecteur : on parle alors d'analyseur. Les détecteurs ayant une grande ouverture, les conditions de refocalisation sur celui-ci (voir plus bas) sont peu strictes. On utilise fréquemment des monochromateurs simple courbure en graphite, mais il est douteux que le cintrage apporte beaucoup par rapport à un monochromateur plan ! Par expérience, je dirais que la chute d'intensité associée à un tel analyseur est d'environ 80%. Il peut être plus judicieux d'utiliser un monochromateur multicouche plan. Outre la monochromatisation, le gros avantage d'un analyseur est d'éliminer d'éventuels rayonnements de fluorescence qui peuvent considérablement augmenter le fond.

2. **Faisceaux parallèles** : de tels faisceaux sont utilisées dans les géométrie en incidence rasante. Une première solution consiste à utiliser une **fente de divergence très fine**, ce qui est le plus simple. Il est également possible de mettre en position avant un **monochromateur plan** de type germanium : l'acceptance angulaire d'un tel cristal est telle que le faisceau sortant est quasiment parallèle ; l'intensité du faisceau obtenu est par contre faible. Comme précédemment, on peut utiliser des

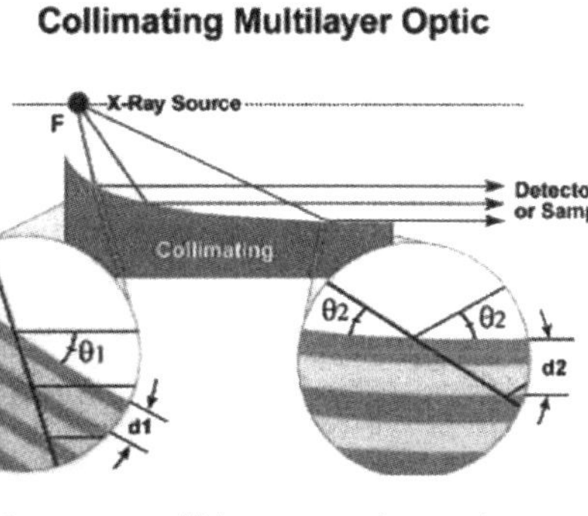

Figure 14. Optique parabolique ; faisceau parallèle et monochromatique en sortie.

multicouches à gradient de période ayant cette fois un profil parabolique (voir fig. 14). Le faisceau obtenu allie intensité et faible divergence.

Pour ceux que le prix de telles optiques rebuterait, il est possible d'utiliser de simples miroirs cintrés, le but étant d'approcher une forme parabolique. Avec les notations de la figure 15, l'équation de la parabole est $y^2 \approx (2\vartheta_0)^2 \cdot x_0 \cdot x$. L'angle d'incidence sur le miroir est donné par : $\vartheta_{inc} = \vartheta_0 \cdot \sqrt{\frac{x_0}{x}}$. On choisit évidemment θ_0 égal à l'angle critique du revêtement du miroir [5].

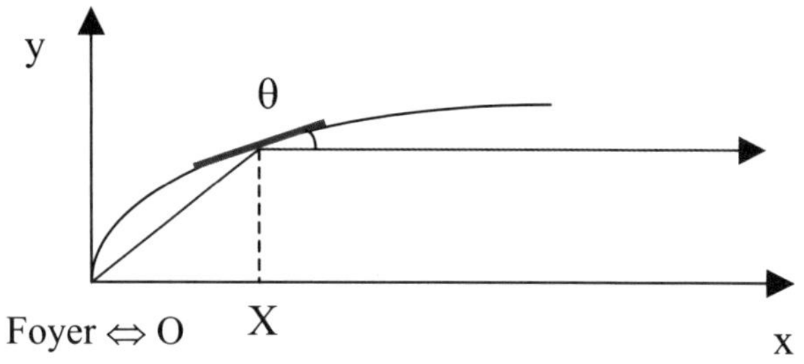

Figure 15. Système de coordonnées utilisées pour exprimer l'équation de la parabole. Le foyer de celle-ci est placé au foyer physique.

Sur l'étendue du miroir, on assimile généralement la parabole à un cercle, c'est-à-dire que l'on donne au miroir une courbure constante. Il y a deux techniques pour cela : soit utiliser un miroir rectangulaire que l'on cintre sur deux appuis (fig. 16a), soit partir d'un miroir triangulaire encastré que l'on cintre par son extrémité (fig. 16b).

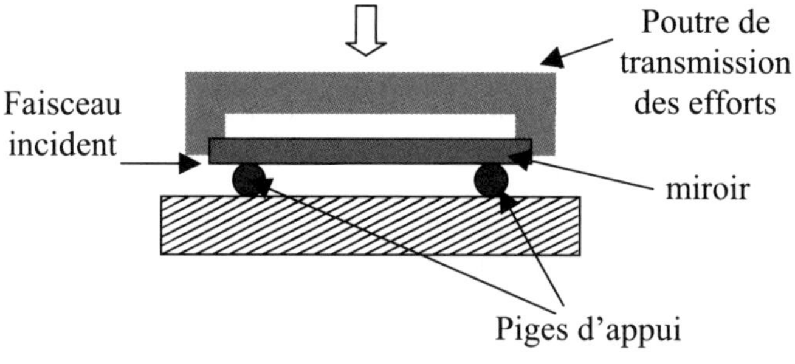

Figure 16a. Cintrage d'un miroir rectangulaire ; les piges sont évidées en leur milieu pour permettre le passage du faisceau.

Il est possible dans le second cas de se rapprocher d'une parabole en donnant une forme trapézoïdale au miroir (voir un cours sur la flexion des poutres).

3. **Fentes de Soller** : La divergence verticale du faisceau est assez peu critique ; il faut néanmoins la réduire pour supprimer certaines aberrations particulièrement gênantes aux petits angles [6]. On utilise pour cela des fentes de Soller qui sont en fait un empilement de plaques fines et absorbantes (voir fig. 17 ; matière conseillable : tantale).

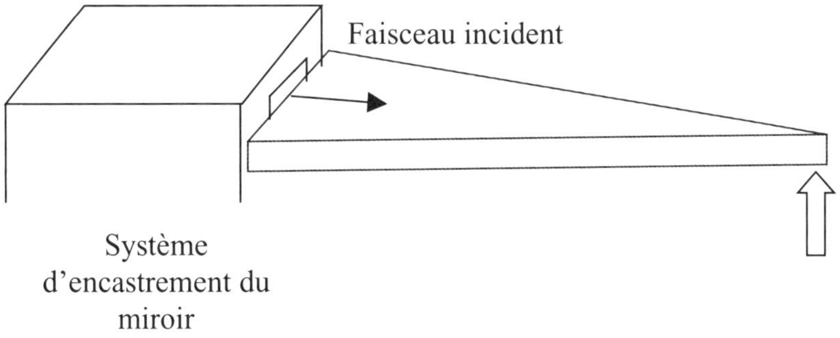

Figure 16b. Cintrage d'un miroir triangulaire encastré.

Figure 17. Réduction de la divergence verticale du faisceau par des fentes de Soller.

Cas des foyers ponctuels : ce type de foyer est utilisé pour préparer des faisceaux finement délimités en pinceaux. Les montages basés sur une détection bidimensionnelle utilise ce type de faisceaux. On peut à nouveau distinguer deux cas.

1. **Faisceaux convergents** : On utilise ce type de faisceaux lorsque l'on désire gagner en intensité. En donnant à un monochromateur cintré horizontalement une courbure verticale, on obtient une focalisation symétrique (fig. 18) :

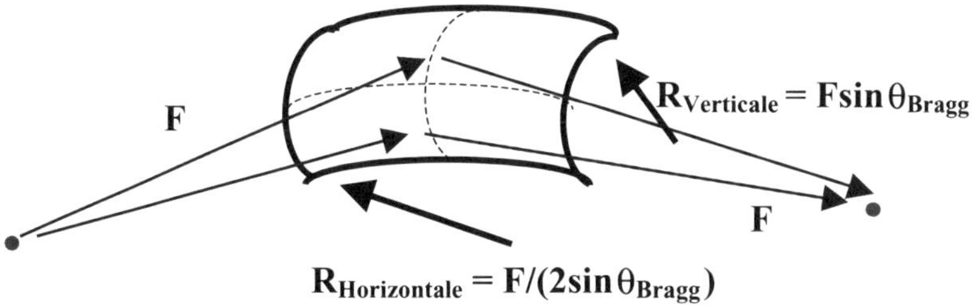

Figure 18. Monochromateur double courbure.

Un exemple courant est fourni par les monochromateurs en graphite pressé double courbure ; ce sont des systèmes extrêmement lumineux, peut-être les plus efficaces des optiques actuellement disponibles. Les distances de focalisation sont de l'ordre de 20 cm ; diminuer significativement les angles de convergence par collimation ne peut se faire qu'au prix d'une forte perte d'intensité. L'intérêt d'un tel monochromateur dans le domaine de la diffraction aux petits angles est donc limité ; il peut par contre être très utile pour des géométries moins astreignantes.

Il existe maintenant des optiques multicouche de type « ellipsoïde », c'est-à-dire qui conjuguent deux foyers (foyers physique et image). À la différence de l'exemple précédent, les distances foyer-optique et optique-foyer image peuvent être très différentes ; ces optiques offrent à la fois forte intensité et bonne résolution, **à condition d'utiliser une source de petites dimensions** (pas plus de 0,30,3 mm^2 typiquement). Ceci (outre leur prix !) en limite l'emploi à des anodes tournantes ou des sources micros-foyers spécifiques. Il est également possible d'utiliser deux optiques elliptiques correctement choisies en géométrie Kirkpatrick-Baez (c'est-à-dire simplement deux optiques se suivant à 90° l'une de l'autre) ; ceci permet de réduire un peu les coûts moyennant de la mécanique.

2. **Faisceaux quasi parallèles** : comme précédemment, il existe des optiques multicouches de type paraboloïde donnant des faisceaux parallèles. Pour ceux que le prix de telles optiques rebuterait, il est possible de produire un faisceau quasi-parallèle en utilisant deux miroirs cintrables en géométrie Kirkpatrick-Baez [5]. Un filtre peut être ajouté pour améliorer la monochromaticité du faisceau Cette technique, utilisée historiquement en cristallographie des protéines, permet d'obtenir des faisceaux de bonne qualité géométrique. Une chambre de diffusion aux petites angles de 6 m de long a même été construite sur ce principe [7]. Il est également possible d'utiliser des jeux de fentes afin de collimater le faisceau issu du tube. C'est à mon avis la **pire solution** en terme d'intensité.

2.4. Les techniques de détection

1. **Détecteurs ponctuels** : ils équipent la plupart des diffractomètres. Dans ce cas-là, et sauf erreur de ma part, ce sont pratiquement toujours des détecteurs à fil (les compteurs à scintillateur ont un bruit de fond plus important). Leur fonctionnement est très bien décrit dans [5]. Ces compteurs ont une fenêtre d'entrée assez grande, de l'ordre de 2 cm de diamètre. Les détecteurs modernes sont maintenant corrigés afin d'atteindre des taux de comptage de l'ordre de 10^6 ph/s. Il faut néanmoins savoir qu'un détecteur peut compter un nombre donné de photons durant sa vie : plus il sera exposé à de fortes intensités, plus celle-ci sera brève (attention, notamment durant les expériences de réflectivité !).
2. **Détecteurs linéaires** : la détection se fait sur une ligne ou même un arc de cercle (détecteur Inel) ; la longueur de détection dépend du fabricant. Personnellement j'aime beaucoup ce type de détecteur qui est très versatile et permet l'enregistrement de profils de raies de diffraction extrêmement faibles.
3. **Détecteurs 2D** : Il existe deux grandes catégories de détecteurs 2D « électroniques » : les détecteurs type CCD et les détecteurs à fils. Dans le premier cas, un écran sensible (« phosphore ») permet la conversion photons X-photons visibles. Un élément CCD enregistre ces derniers. Ce sont des détecteurs très robustes (ils peuvent supporter un faisceau direct un court instant), mais qui ont un bruit de fond très important. Les détecteurs à fils sont plus fragiles mais ont un bruit de fond beaucoup plus faible. Le prix de ces détecteurs reste très élevé (voir chapitre « prix ») et je conseillerais personnellement l'usage de plaques photo-stimulables

[8] : elles sont constituées de petits cristaux de fluoro-chlorure de baryum dopés à l'europium, enrobés dans une matrice organique et déposés sur un support souple ou rigide. Ces plaques sont réutilisables un très grand nombre de fois (certaines plaques que j'utilise ont déjà servi plus de mille fois sans trace d'altération) et ont une très grande dynamique (typiquement 10^5, à comparer au 10^3 d'une plaque photographique). Elles gardent une très grande sensibilité aux courtes longueurs d'onde à la différence des plaques photographiques. Elles peuvent être cintrées dans le cas de support souple, sachant qu'un trop faible rayon de courbure (moins d'une quinzaine de cm) les abîme rapidement. Le problème essentiel provient du prix élevé du lecteur (la construction d'un tel lecteur est, à mon avis, accessible à un laboratoire bien équipé).

2.5. Les différents montages de diffraction [1-9]

2.5.1 Diffraction 1D

L'intensité diffractée est enregistrée selon une direction. Mise à part la diffraction en incidence rasante, les techniques décrites ci-dessous ne sont pas spécifiquement dédiées aux films minces. Elles sont néanmoins très couramment utilisées dans ce domaine, en particulier la diffraction en géométrie Bragg-Brentano. Dans les diffractomètres modernes, la rotation de l'échantillon n'est plus liée mécaniquement à celle du détecteur : **on peut a priori passer d'une géométrie Bragg-Brentano à une géométrie en incidence rasante par un simple changement de fente de divergence, ou à une géométrie « $2\theta/\alpha$ » par un repositionnement du goniomètre.**

Classiquement, les diffractomètres dits « de poudre » sont basés sur les propriétés de **focalisation d'une poudre cristalline plane** : considérons un tel échantillon (voir fig. 19) pour lequel l'angle d'incidence moyen du faisceau sur l'échantillon vaut α ; soit θ l'angle de Bragg d'une réflexion donnée. Les différents cristallites en position de réflexion vont renvoyer des faisceaux diffractés qui convergeront en F, le point F étant situé sur le cercle passant par la source S et tangent à l'échantillon. Les autres réflexions seront focalisés en d'autres points du même cercle.

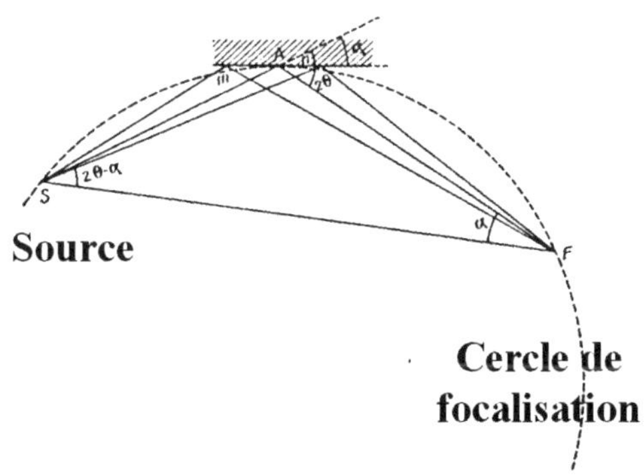

Figure 19. Le cercle de focalisation.

La chambre de Seeman-Bohlin (fig. 20) est une application directe de ce principe. L'enregistrement des raies se fait normalement sur plaque photo-stimulable (fig. 20a ; on peut remarquer que l'échantillon est lui-même cintré sur le cercle ; cela améliore la focalisation mais n'est pas nécessaire. Ce serait d'ailleurs difficile pour un film mince sur substrat rigide). On peut également construire un montage de ce type avec détecteur (fig. 20b) ; on perd en fait l'avantage de l'enregistrement simultané de toutes les raies et la mécanique n'est pas simple ! J'ai donné ce schéma car il montre l'utilisation d'un monochromateur avant courbé (noté M ; source X). Un grand avantage de cette méthode est de pouvoir faire varier l'angle d'incidence moyen du faisceau sur l'échantillon ; on peut ainsi dans le cas d'un **film mince** utiliser une **faible incidence** afin d'augmenter le trajet du faisceau dans l'échantillon.

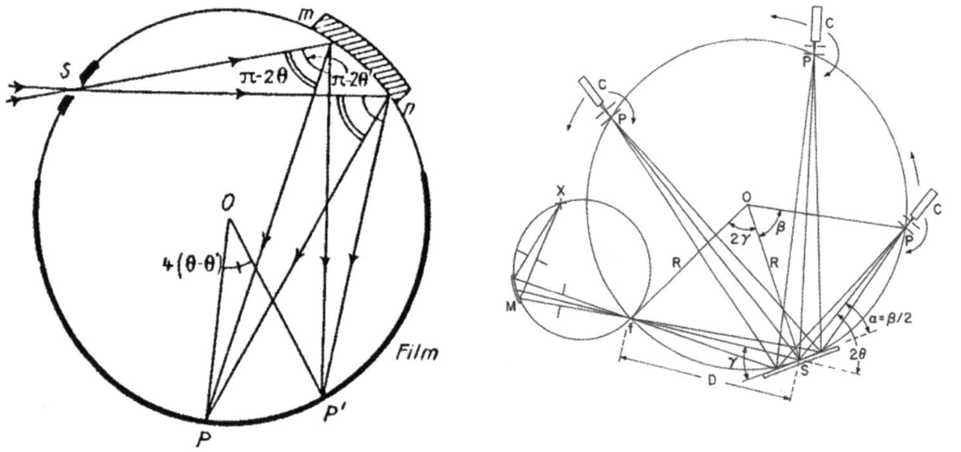

Figure 20. a et b. Exemples de montages Seeman-Bohlin.

Une autre application du principe de focalisation des poudres est donnée par la célèbre **géométrie « Bragg-Brentano »** : Dans ce cas, l'échantillon et le détecteur se trouvent sur deux cercles concentriques (cercles et 2θ). En fonctionnement normal, le cercle ω tourne deux fois moins vite que le cercle 2θ, de façon à maintenir un angle d'incidence sur l'échantillon égal à θ, l'angle détecteur-faisceau étant 2θ. Le détecteur reste ainsi en permanence sur le cercle de focalisation (fig. 21).

Il est également possible de monochromatiser le faisceau par un monochromateur cintré avant (fig. 22a) ou arrière (fig. 22b). Cette dernière configuration a pour avantage d'éliminer d'éventuelles fluorescences.

La géométrie Bragg-Brentano étant symétrique, le vecteur de diffusion $\vec{q}$ est perpendiculaire au plan du substrat : ce montage ne sonde donc que les caractéristiques structurales « perpendiculaires » au plan (se rappeler que $\Delta\varphi = \vec{q} \cdot \overrightarrow{M_1M_2}$). En dissociant les mouvements échantillon et détecteur, on peut s'abstraire partiellement de cette contrainte (fig. 23b) et remonter ainsi à certaines caractéristiques structurales « parallèles » au plan.

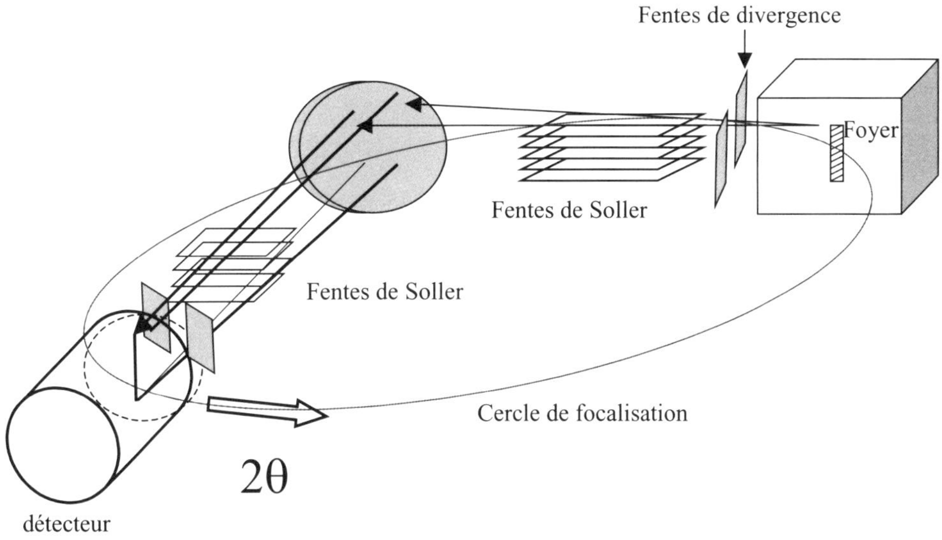

Figure 21. Montage Bragg-Brentano simple : la monochromatisation peut être assurée par filtrage.

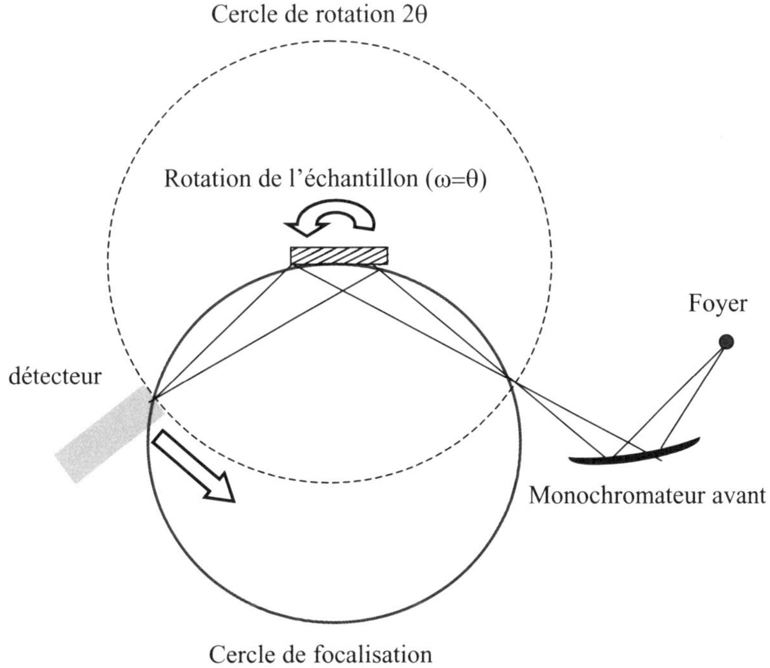

Figure 22a. Géométrie Bragg-Brentano avec monochromateur avant.

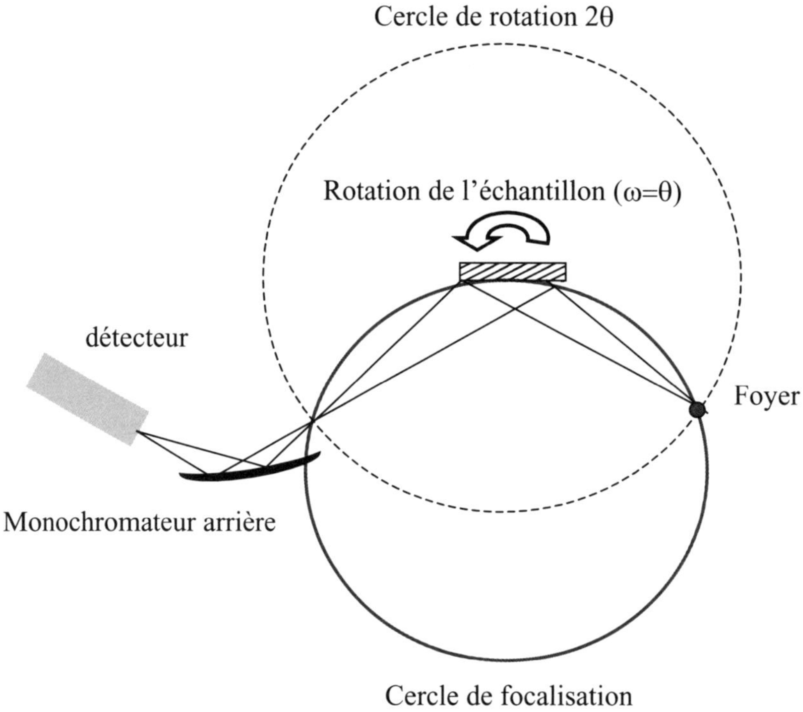

Figure 22b. Géométrie Bragg-Brentano avec monochromateur arrière.

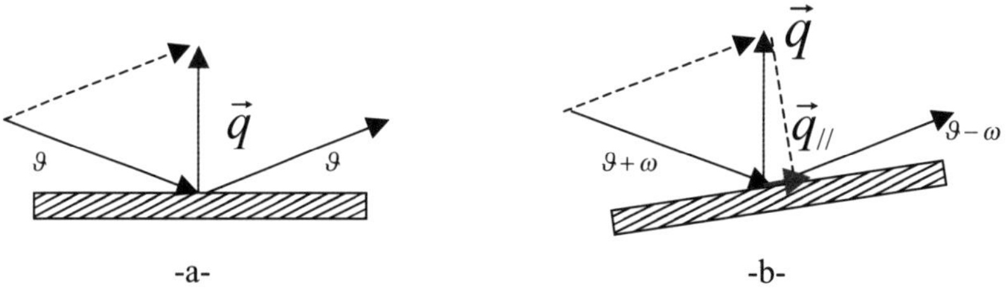

Figure 23. Géométrie symétrique (a) et dissymétrique (b). Dans ce dernier cas, le vecteur $\vec{q}$ possède une composante dans le plan.

Une autre application de cette liberté de mouvement est de pouvoir effectuer des mesures de **textures**. Considérons un film mince polycristallin et supposons que nous voulions remonter à la distribution d'orientation des cristallites. En fixant le détecteur à un angle 2θ correspondant à une famille de plans réticulaires donnée, on peut mesurer la distribution d'orientation de ces plans en faisant varier ω : c'est ce qui est représenté figure 24.

On voit aisément que l'exploration des différentes orientations cristallines reste limitée au plan de la figure : pour aller plus loin, il est nécessaire d'ajouter une liberté de rotation : le cercle φ, physiquement solidaire du cercle ω, permet de tourner

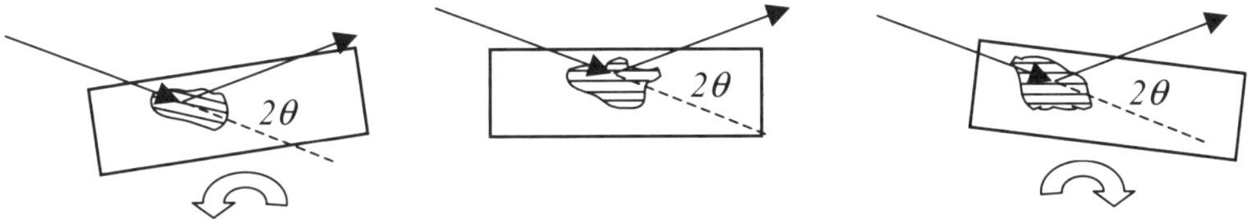

Figure 24. Mesure d'une distribution d'orientation par ω-scans.

l'échantillon dans un plan vertical (voir fig. 25). On peut ainsi explorer spatialement la distribution d'orientation associée à une famille de plans réticulaires donnée (on parle alors de figure de pôle, car le mode de représentation des directions utilise une projection stéréographique centrée sur le pôle nord [ou sud !] d'une sphère).

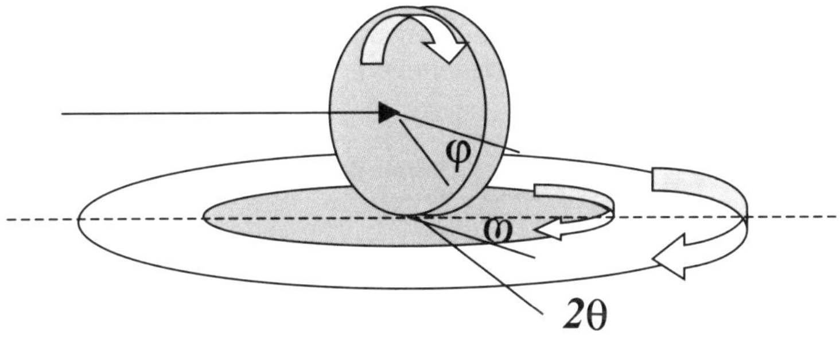

Figure 25. Goniomètre de texture (version minimaliste).

Il est également possible de mesurer les contraintes résiduelles présentes dans un film : l'idée de base, très simple, est illustrée figure 26 (attention : l'angle ψ y correspond à ω) :

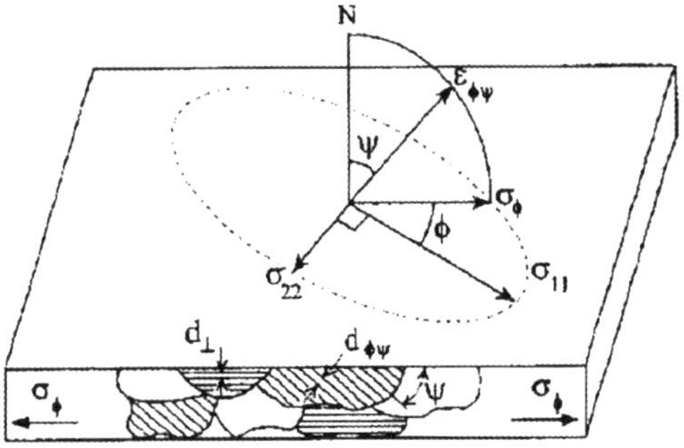

Figure 26. Mesure de la contrainte σ_φ à partir de la variation de la distance réticulaire $d_{\varphi\psi}$.

Sous l'effet des contraintes, et suivant l'orientation du cristallite correspondant, la distance inter-réticulaire associée à la famille de plans considérée varie. Si l'on suppose que les contraintes sont relaxées perpendiculairement au plan du film, l'ellipsoïde des contraintes se réduit à une ellipse de grands axes σ_{11} et σ_{22} : $d_\perp$ correspond donc à la distance inter-réticulaire associé au matériau non-contraint. On montre aisément que $d_\varphi\psi$ est alors une **fonction linéaire** de $\sin^2 \psi$, les coefficients ne dépendant que de σ_{11} et σ_{22} et σ_φ. Le principe de la méthode consiste donc à mesurer précisément la variation du paramètre $d_\varphi\psi$ en fonction de ψ pour un certain nombre de valeurs de φ.

On peut signaler l'existence d'une autre géométrie dérivée appelée **géométrie « $2\theta/\alpha$ »**. Imaginons qu'un film mince soit déposé sur un substrat monocristallin dont certaines familles de plans réticulaires soient parallèles à la surface (ex. : silicium 400). Les réflexions intenses dues au substrat risquent de masquer la contribution du film. En introduisant un décalage angulaire α, on supprime ces réflexions. Dans ce type de géométrie, les distances foyer-échantillon et échantillon-détecteur (ou point de focalisation) ne sont plus égales ; en comparaison des autres méthodes, les résultats obtenus semblent intéressants ([9] vol. 12 p. 33).

Géométrie en incidence rasante : c'est une géométrie spécifiquement dédiée aux films minces, pour laquelle le trajet du faisceau incident à travers le film est considérablement augmenté : un schéma en est donnée figure 27.

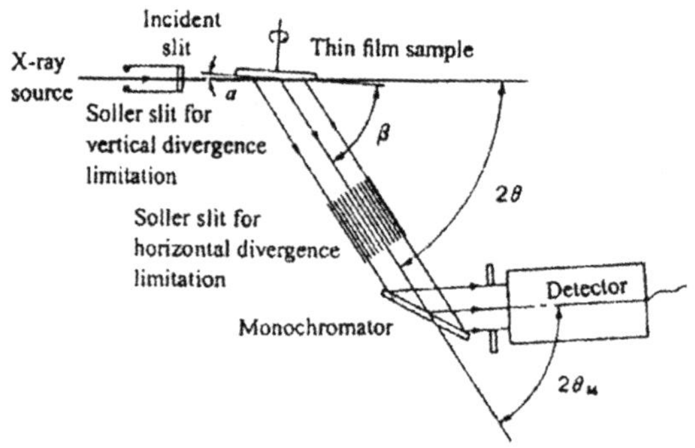

Figure 27. Géométrie en incidence rasante (vue de dessus).

Ceci implique deux choses : tout d'abord, le faisceau incident doit être **quasi parallèle** ; corrélativement, le cercle de focalisation est rejeté à l'infini, ce qui veut dire en pratique que **les raies de diffraction sont très larges** : il est donc nécessaire d'avoir une grande ouverture au niveau de la détection. Afin de maintenir une résolution correcte (c'est-à-dire sélectionner des faisceaux émergents quasi parallèles), on doit avoir recours soit à des fentes de Soller, soit à un cristal analyseur : on remarquera que le montage décrit figure 27 utilise les deux ! En ce qui concerne le choix de l'analyseur, je dirais qu'un graphite plan ou une multicouche plane sont conseillés afin de ne pas perdre trop d'intensité.

Un avantage de la méthode est de permettre une certaine **exploration en profondeur** de l'échantillon à partir de sa surface (cas, par exemple, d'un échantillon massif dont la structure et/ou la composition évoluent en partant de la surface). On voit en effet sur la figure 2 que la profondeur de pénétration du faisceau peut être ajustée en jouant très précisément sur l'angle d'incidence ; en pratique, cela nécessite une surface très bien définie notamment pour les incidences les plus faibles. Il peut être également avantageux de travailler en fixant l'angle d'incidence légèrement en dessous de l'angle critique ; ceci présente **deux avantages** :

- la profondeur de pénétration est très faible : on trouve ainsi 2,8 nm pour un film de nickel, à une incidence $\theta = 0,8\theta_C$ (*cf.* fig. 2). La contribution éventuelle du support est ainsi très fortement réduite.
- à l'approche de l'incidence critique, l'intensité transmise dans le film augmente du fait de la réduction du déphasage entre l'onde incidente et l'onde réfléchie (voir plus haut). On gagne ainsi en intensité diffractée.

2.5.2 Diffraction 2D

La figure 28 présente un exemple typique de montage de diffraction 2D.

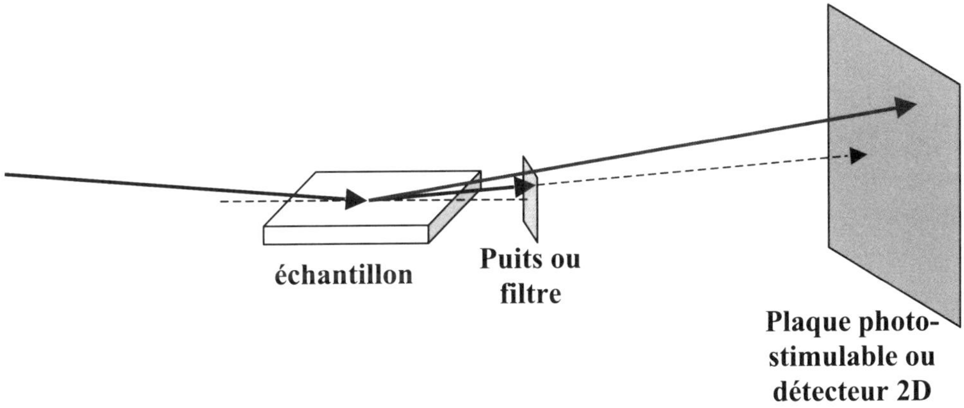

Figure 28. Montage de diffraction en incidence rasante « 2D ».

L'avantage d'un tel montage peut être considérable en terme de **gain de temps** et d'**interprétation des données** par rapport à un montage 1D. Il est évidemment nécessaire de travailler avec un foyer ponctuel, en faisceau convergent ou quasi parallèle ; quel que soit le cas, une certaine **collimation** est nécessaire. Selon les cas, la longueur du collimateur varie, mais il doit se terminer par un diamètre supérieur, afin de bloquer

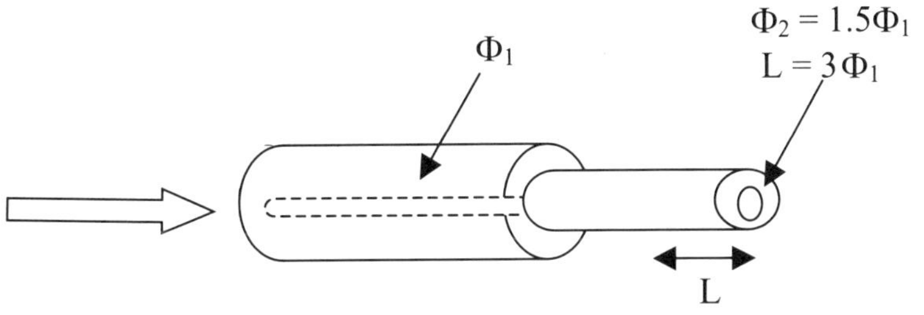

Figure 29. Structure schématique d'un collimateur ; le diamètre Φ_1 va typiquement de 0,1 mm à 1,5 mm. La matière utilisée peut être du laiton.

la diffraction des bords du trou de collimation (les valeurs données figure 29 ne correspondent qu'à mes choix personnels !).

Dans la plupart des montages, on utilise un puits en laiton ou plomb dont le rôle est d'arrêter le faisceau transmis au travers de l'échantillon. Dans le cas des montages en incidence rasante, tel que celui décrit figure 28, il peut être nécessaire d'avoir aussi un filtre atténuateur (ex. : nickel pour un générateur au cuivre). En effet, nous avons vu plus haut qu'un contrôle précis de l'angle d'incidence pouvait être nécessaire. Il est pour cela important de pouvoir suivre le faisceau réfléchi lorsque l'on tourne l'échantillon, le dépassement de l'incidence critique (θ_C) se traduisant par une diminution brutale de son intensité.

Je donne figure 30 un cliché de diffraction aux petits angles en incidence rasante obtenu au LURE par Sophie Besson (thèse ; Polytechnique). Le montage utilisé est essentiellement celui décrit figure 28 ; dans le cas de trop long trajet dans l'air (essentiellement diffraction aux petits angles), un tube à vide ou hélium peut être interposé entre le filtre et le détecteur afin de diminuer l'absorption des faisceaux diffractés et le fond dû à la diffusion par l'air ; par long, je dirais au-dessus de 30 cm typiquement (toujours au cuivre ; les plus petites longueurs d'onde sont moins exigeantes).

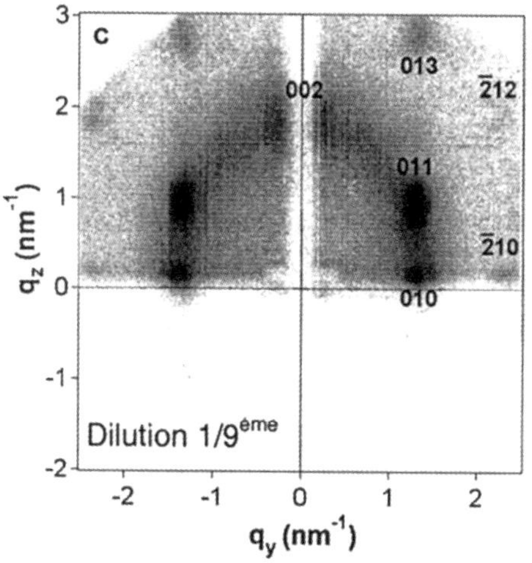

Figure 30. Cliché de diffraction aux petits angles obtenu en incidence rasante (rayonnement synchrotron du LURE ; film mésoporeux à base de silice, structure hexagonale compacte).

Ce cliché appelle plusieurs commentaires :

- tout d'abord, le rayonnement synchrotron n'est pas nécessaire : il permet essentiellement dans le cas présent de diminuer les temps de pose. Sur un synchrotron de 3e génération (ce que n'était pas le LURE !) un tel cliché est pris en typiquement 1s. Sur une anode tournante, il faudra grossièrement 1h ;
- on remarque une bande centrale blanche qui correspond à l'ombre du puits ;
- toute la zone inférieure et une petite partie de la zone supérieure sont masquées par le substrat. Ceci peut être gênant à deux titres : 1. Il peut être délicat de repérer le zéro (c'est-à-dire le point d'impact du faisceau direct). 2. Des réflexions telles que la

(010) en position dite « équatoriale » peuvent se révéler ambiguës. En effet, certains renforcements d'intensité peuvent être observés près de la ligne $q_z = 0$, sans que cela corresponde à des réflexions de Bragg. De même, il est nécessaire de régler très finement l'angle d'incidence pour se rapprocher au maximum de cette ligne.

Pour ces différentes raisons, il peut être intéressant d'utiliser des substrats (plus ou moins) **transparents** aux rayons X.

Utilisation de substrats transparents

Il y a deux façons de s'abstraire, du moins partiellement, de la présence du substrat : soit choisir un rayonnement plus pénétrant, soit utiliser un substrat aminci et/ou fait d'un matériau léger (faible coefficient d'absorption). On peut illustrer le premier cas par un exemple (qui montrera également comment calculer un coefficient d'absorption) : considérons un substrat classique tel que l'oxyde de magnésium cristallin MgO (péri-clase). À longueur d'onde donnée λ, le coefficient d'absorption μ d'un élément est proportionnel à sa masse volumique (qui dépend de l'état dans lequel il se trouve) et les tables nous donnent donc $\left(\frac{\mu}{\rho}\right)$ qui n'est fonction que de λ. La table ci-dessous nous donne les valeurs des $\left(\frac{\mu}{\rho}\right)$ du magnésium et de l'oxygène pour une anti-cathode en cuivre (λ = 0,15418 nm) et en molybdène (λ = 0,07107 nm).

Longueur d'onde (nm)	0,15418 (cuivre)	0,07107 (molybdène)
(μ/ρ) *oxygène* ($g^{-1}cm^2$)	11,5	1,31
(μ/ρ) *magnésium* ($g^{-1}cm^2$)	38,6	4,11

Le coefficient d'absorption du MgO s'écrit en fonction des masses volumiques partielles des deux éléments : $\mu_{Mg0} = \left(\frac{\mu}{\rho}\right)_O \cdot \rho_O + \left(\frac{\mu}{\rho}\right)_{Mg} \cdot \rho_{Mg}$, où $\rho_0 = \rho_{MgO} \cdot \frac{M_0}{M_{Mg0}}$ et $\rho_{Mg} = \rho_{MgO} \cdot \frac{M_{Mg}}{M_{Mg0}}$. Sachant que $\rho_{Mg0} \approx 3,65\ g.cm^{-3}$, on obtient μ_{Mg0} (cuivre) $\approx 101,6\ cm^{-1}$ et μ_{Mg0} (molybdène) $\approx 10,9\ cm^{-1}$; le pourcentage de faisceau transmis vaut 100* exp($-\mu_{Mg0} \cdot d$) (%), soit pour un substrat d'épaisseur d = 0,05 cm 0,6% au cuivre et 58% au molybdène : il y a donc un facteur 100 entre les deux valeurs. Évidemment, le faisceau sera également moins absorbé par le film mince et donc moins diffracté ; néanmoins, des expériences de diffraction par transmission au molybdène sur des films minces de supra-conducteurs haute T_C déposé sur MgO ont donné de très bons résultats. Il est, par exemple, possible de vérifier les relations d'épitaxie entre le film et le substrat, en effectuant des clichés de précession (un appareil qui traîne encore dans beaucoup de laboratoire de cristallographie).

La seconde solution consiste donc à utiliser des substrats très amincis. Pour beaucoup d'applications, le silicium est un bon substrat de déposition. Travaillant le plus souvent à petits angles, j'utilise essentiellement le rayonnement du cuivre. À cette longueur d'onde (0,1542 nm), une épaisseur de silicium de 10 μm transmet environ 92% du faisceau, ce qui est très confortable. De plus, pour de telles épaisseurs, le silicium ne donne qu'un fond extrêmement réduit aux petits angles (on voit de la diffusion thermique aux grands angles, qui se traduit par des lignes diffuses : ce n'est pas très gênant). On peut, avec un tel substrat, travailler à une incidence quelconque. Afin de comparer les résultats donnés par cette technique avec l'utilisation plus classique d'un substrat épais (*cf.* fig. 32), je donne figure 31 un cliché obtenu en incidence rasante : dans cette expérience, l'échantillon oscille de quelques degrés autour d'une incidence nulle. Ceci permet de mettre en position de réflexion les différentes « taches » de Bragg et supprime toute nécessité d'un réglage minutieux de l'angle d'incidence.

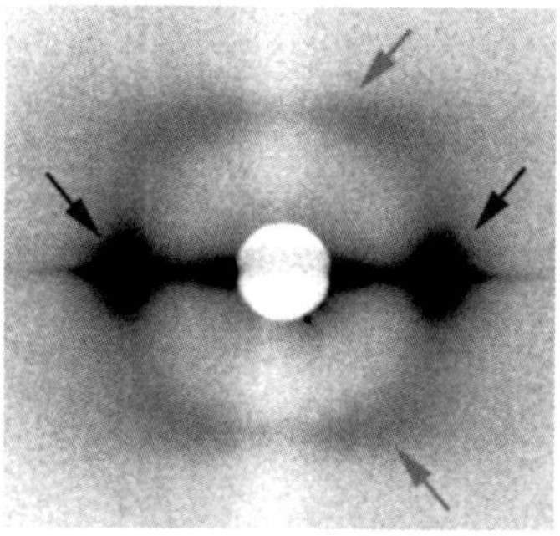

Figure 31. Cliché en incidence rasante (échantillon oscillant) d'un film de Langmuir-Blodgett de nanoparticules (platine) ; les réflexions pointées par les flèches noires correspondent à une distance de 5 nm environ.

On remarque également que ce cliché est symétrique, et que le positionnement de l'origine ne pose pas de problème.

Remarque importante : aux petits angles et en incidence rasante, il est nécessaire de tenir compte des phénomènes de réfraction pour une évaluation correcte des distances : la formule de Bragg $2d = \lambda \cdot \sin\theta$ s'applique à un angle θ transmis !

Pour terminer ce cours, je voudrais revenir brièvement sur la notion de cohérence, d'autant plus que l'on voit apparaître de plus en plus fréquemment le terme de « diffraction cohérente » qui laisserait penser qu'il y aurait une « diffraction incohérente ». Le problème peut se résumer ainsi : envoyant un faisceau sur un échantillon, quelle est la distance maximale entre deux point de cet échantillon tels qu'il puisse encore y avoir interférence entre eux. Les calculs que l'on fait habituellement supposent une onde incidente parfaitement plane et monochromatique ; dans la pratique, ce n'est évidemment pas le cas. Revenons à la façon dont les rayons X sont produits au laboratoire : en se désexcitant ($L \Rightarrow K$), un atome émet une onde sphérique : le photon K_α produit n'est pas parfaitement monochromatique du fait de la largeur finie $\Delta\lambda$ des raies K_α ; typiquement $\Delta\lambda/\lambda \approx 10^{-4}$. On sait que cela revient grossièrement à dire que l'atome émet un train d'onde de longueur $\lambda^2/\Delta\lambda \approx 10^3\ nm$ (= cohérence temporelle). Ce qui veut dire que deux points situés selon la direction de propagation à une distance supérieure à cette valeur n'interfèrent plus (c'est une limite supérieure car l'on sépare assez rarement les deux raies K_α). Un second point à considérer est de savoir sur quelle étendue on peut confondre localement onde sphérique et onde plane : un calcul rapide montre que ceci peut se faire sur un disque de rayon typiquement $\sqrt{\lambda D}$, où D est la distance source-échantillon. On trouve plusieurs milliers de nm, et ceci ne constitue pas une limitation à la cohérence latérale (= cohérence spatiale) : le facteur limitant est la taille de la source. Les tubes sont des sources incohérentes, c'est-à-dire que les différents atomes réémettent de façon totalement indépendante. Chaque photon issu d'un atome va donner un diagramme de diffraction, et ces différentes contributions finissent par se brouiller en se superposant. On montre que deux points situés latéralement à une distance supérieure à $\xi = \lambda D/s$ n'interfèrent plus de façon détectable ; dans cette formule, D représente la distance source-échantillon et s la taille de la source. Pour un petit foyer, $s =$ 0,1 mm et une distance source-échantillon classique, $D =$ 30 cm, on obtient une longueur de 500 nm environ. Une analyse plus précise de ces questions montre qu'elles sont intimement liées à la notion de résolution expérimentale : plus un faisceau est parallèle, plus grande sera sa longueur de cohérence transverse. Dans les synchrotrons de 3e génération où l'on peut combiner petite taille de source et grande distance, on atteint des longueur de cohérence de l'ordre de 10 μm. C'est dans ce cadre, et à mon avis par abus de langage, que l'on parle de « diffraction cohérente ». Par contre, si l'on regarde une surface en incidence rasante, il nous faut considérer la projection de la longueur de cohérence sur la surface, $\xi/\sin\theta_{inc}$: dans ce cas, deux points très éloignés peuvent interférer, même avec une source classique (*cf.* réflectivité).

3. Quelques prix et adresses utiles

Le marché se partage entre trois grands constructeurs : PANalytical (ex. Philips et maintenant filiale de Brücker www.**panalytical**.com), Siemens et Rigaku (www.**rigaku**.-com). Il y a de plus petits constructeurs, comme Bede (www.**bede**.com), Stoe (www.**stoe**.com), Inel (http://www.inel.fr), etc.

Des optiques multicouches peuvent se trouver soit chez Osmic (filiale de Rigaku, www.**osmic**.com) soit chez Xenocs (entreprise basée à Grenoble, www.**xenocs**.com). Les excellents monochromateurs en graphite double courbure se faisaient chez Union Carbide qui a cessé cette activité. J'ai fait quelques petites recherche sur le net et il semble que l'on puisse trouver d'autres fournisseurs.

Pour les plaquettes de silicium ultra-minces, il n'y a, à ma connaissance, qu'un seul fournisseur : Virginia Semiconductor. Les commandes se font entièrement en ligne (www.**virginia**semi.com).

Les plaques photo-stimulables (ainsi que des lecteurs) peuvent se trouver chez Fuji (http://home.fujifilm.com/products/science/si_imgplate/img_plate.html). Nos lecteurs viennent de chez Molecular Dynamics (www1.amershambiosciences.com).

Quelques prix (de mémoire) :
- générateur classique des rayons X : 14 000 euros ;
- tube rayons X : 2 000 euros ;
- générateur à anode tournante : 120 000 euros ;
- optique parabolique ou elliptique simple : 17 000 euros ;

- optique « paraboloïde ou ellipsoïde » : 43 000 euros ;
- goniomètre $\theta - 2\theta$: 120 000 euros (comprend le tube et le générateur) ;
- galettes de silicium ultra-minces : 300 euros pour une galette de 4 pouces (le minimum de commande est de 10 galettes !) ;
- une plaque photo-stimulable format A3 (découpable) vaut en gros 3 000 euros. Le prix approximatif d'un lecteur est de 76 000 euros.

Références bibliographiques

[1] Quelques adresses de cours de cristallographie en ligne : le cours de Sylvain Ravy (http://www.lps.u-psud.fr/Utilisateurs/ravy/), celui de J-P. Lauriat (perso.wanadoo.fr/jean-pierre.-lauriat/) et celui de l'Université de Lausanne (lcr.epfl.ch/page37304.html).

[2] Par exemple, IDA T. *et al.*, « Diffraction peak profiles from spherical crystallites with lognormal size distribution », dans J. Appl. Cryst., *36, 2003, 1107.*

[3] Le volume C des Tables internationales de cristallographie (nouvelle édition : *International Tables for Crystallography*) est une mine d'informations sur la génération des rayons X, leur monochromatisation et les différents appareillages.

[4] WITZ J., « Focusing monochromators », dans *Acta Cryst.*, A25, 1960, 30.
DHEZ P. *et al.*, « Instrumental aspects of x-ray microbeams in the range above 1 keV », dans *Rev. Sci. Instrum.*, 70, 1999, 1907.

[5] ARNDT U. W., « Focusing optic for laboratory sources in x-ray crystallography », dans *J. Appl. Cryst.*, 23, 1990, 161.

[6] KLUG H. et ALEXANDER L., dans *X-Ray diffraction procedures*, Wiley Editor, 1954 : certains passages sont incontestablement datés, mais c'est un ouvrage très agréable à lire, très riche en enseignements !

[7] HAYASHI H. *et al.*, « The 6m point-focusing small-angle x-ray scattering camera at the high-intensity x-ray laboratory of Kyoto University », dans *J. Appl. Cryst.*, 21, 1988, 330.

[8] JOHNSTON R. *et al.*, « Autoradiography using storage phosphor technology », dans *Electrophoresis*, 11, 1990, 355.

[9] Le journal de la société Rigaku est libre d'accès (www.rigakumsc.com/journal/index.jsp ou http://www.rigaku-eit.com/resources.jsp). Même si c'est bien évidemment un journal dédié à la promotion des instruments Rigaku, on y trouve beaucoup d'articles très intéressants.

Index

R

S

T

V

Liste des auteurs

Pierre-Antoine ALBOUY
Laboratoire de Physique des Solides CNRS-UMR 8502 – Bât. 510, Université de Paris-Sud – 91405 Orsay, France – *albouy@lps.u-psud.fr*

Aline BRUNET-BRUNEAU
INSP – Institut des NanoSciences de Paris – Université Pierre-et-Marie-Curie – Paris-VI, CNRS UMR 7588 – Campus Boucicaut – 140, rue de Lourmel – 75015 Paris, France – *brunetbr@ccr.jussieu.fr*

F. COUSIN, A. MENELLE
Laboratoire Léon-Brillouin – CEA Saclay – 91191 Gif-sur-Yvette cedex, France – *fabrice.cousin@cea.fr*, *alain.menelle@cea.fr*

Erzsébet HILD and Zoltán D. HÓRVÖLGYI
Budapest University of Technology and Economics, – Department of Physical Chemistry – H-1111 – Budapest, Budafoki – Hongrie – *ZHorvolgyi@mail.bme.hu*

Josette RIVORY
INSP – Institut des NanoSciences de Paris, – Université Pierre-et-Marie-Curie – Paris VI, CNRS UMR 7588 – Campus Boucicaut – 140, rue de Lourmel – 75015 Paris, France – *rivory@ccr.jussieu.fr*

Vincent ROUESSAC et André AYRAL
Institut Européen des Membranes – CNRS UMR 5635 – Université Montpellier-II, CC047 – 2, place Eugène-Bataillon – 34095 Montpellier cedex 5, France – *andre.ayral@iemm.univ-montp2.fr* – *vincent. rouessac@iemm.univ-montp2.fr*

Arie VAN DER LEE
Institut Européen des Membranes, CNRS-UMR 5635, – Université de Montpellier-II, CC 047, 2, place E.-Bataillon, – 34095 Montpellier cedex 5, France – *vdlee@iemm.univ-montp2.fr*

Table des matières

Imprimerie Moderne de Bayeux
ZI, 7, rue de la Résistance - 14400 Bayeux
Achevé d'imprimer en Octobre 2006
Dépôt légal : 21213

Imprimé en France